WINTER-
VÖGEL

LARS JONSSON

WINTER-VÖGEL

Aquarelle und
persönliche Erzählungen

KOSMOS

INHALT

VORWORT

FRÜHER habe ich mich intensiv mit Bestimmungsbüchern beschäftigt und die europäische Vogelwelt studiert. So entstanden in den 1970er-Jahren fünf Bücher – nach Lebensräumen beziehungsweise geografischen Regionen gegliedert und in den 1980er-Jahren zu einem Bestimmungsführer zusammengefasst. Ich erinnere mich an den Zeitdruck, wenn der Abgabetermin näher rückte und noch ein paar Details fehlten. Details, die sich zu einer kleineren Abhandlung auswuchsen. Trotzdem habe ich mich entschlossen, das vorliegende Buch zu schreiben.

Es handelt von Erlebnissen mit Vogelarten, die ich im Winter bequem von meinem Atelierfenster aus beobachten konnte – Vogelarten, die ich spontan skizzierte. Grünfinken weckten als Erstes mein Interesse. Und so fertigte ich von ihnen einige Skizzen an. Dabei wollte ich die Unterschiede der einzelnen Vögel in Aussehen, Färbung und Ausdruck zu Papier bringen. Nachdem ich mich einige Jahre mit ihnen beschäftigt hatte, begann meine Arbeit Struktur anzunehmen.

Es fehlten aber noch achtundfünfzig weitere Arten, die mich ähnlich interessierten und die ich deshalb abbilden wollte. Die Zeit lief! Nur wenige Tage vor der geplanten Drucklegung hatten mich Wacholderdrosseln »gefesselt«, die gerade aus dem Norden angekommen waren. Und ich fand neue Details, die unbedingt ins Buch gehörten. Ein Wunder, dass dieses Werk überhaupt fertig geworden ist.

Ich möchte allen voran meiner Frau Ragnhild für ihr Verständnis und ihren Gleichmut danken, wenn ich mal wieder in ein längeres Projekt abtauche. Dank auch an Martin, Annika und Pontus im Verlag, die mich geduldig und behutsam in die Zielgerade steuerten.

Lars Jonsson
Hamra, den 11. November 2015

EINFÜHRUNG

LUCIATAG, DEN 13. DEZEMBER 2012. In den letzten Tagen hat es viel geschneit, inzwischen liegen gut 20 Zentimeter Schnee. Nachts hatten wir 5 Grad minus, und die Temperatur wird wohl weiterhin unter null bleiben. Der Himmel ist bleigrau. Laut Wetterbericht vom Morgen kommt von Osten her etwas Schnee. Ich ziehe mir die Überhose an, denn der Weg hinunter zum Meer ist hinter Lennard Ödmans Hof nicht geräumt; ich muss daher durch den Schnee stapfen, um die Strandwiesen zu erreichen.

Mir gehen die Wintervögel und die südgotländische Flur nicht aus dem Kopf. Die winterliche Landschaft wirkt wie ein grafisches Muster. In dem schwachen Licht betrachte ich den Schnee und versuche mir vorzustellen, wie eine weiße Oberfläche im Vergleich dazu wohl im März oder April aussehen würde. Wie weiß ist Weiß eigentlich? Mit dieser Frage beschäftigen sich Maler mitunter.

Vor mir liegen weiße Felder und Äcker, eingefasst von Hecken aus Schlehen, Weißdorn und vereinzelt Wildäpfeln. Der Schnee liegt auf den Zweigen, nur den Wipfelbereich hat der leichte Wind leer gefegt. In unserer dichten Heckenkirsche sitzt ein kleiner Trupp Haussperlinge. Sie sinnieren darüber, was der Tag so bieten könnte. Haussperlinge in einem winterlichen Busch, das ist das Szenario, das mir zum Thema Wintervögel sofort in den Sinn kommt – ein guter Anfang also. Gestern habe ich von der Internetseite der Ornithologischen Gesellschaft Schwedens die 30 Gewinner der letzten Zählaktion »Vinterfåglar inpå knuten« *(Wintervögel rund ums Haus*, ähnlich der »Stunde der Wintervögel« in Deutschland) ausgedruckt. Die Vereinigung bittet die Schweden, diejenigen Vögel zu melden, die am letzten Wochenende im Januar die heimischen Futterplätze besuchten. So wurden an 19 000 Fütterungen die Vogelarten und deren Anzahl gezählt. Sie finden Eingang in eine Liste, in der die 30 häufigsten Vogelarten an

Fütterungen und Meisenknödeln in Schweden erfasst werden. Das könnte natürlich eine gute Basis für die Auswahl in diesem Buch sein. Aber ich möchte aufgrund meiner persönlichen Vorlieben noch ein paar Arten aufnehmen, die mir gefallen und die ich mit Winter verbinde.

Der Spitzenreiter auf den Listen ist jedes Jahr die Kohlmeise, sie ist von den Vogelhausbesuchern die am weitesten verbreitete Art. Die Kohlmeise ist nicht nur häufig, sondern scheut sich auch nicht, einen einzelnen Meisenknödel oder einen kleinen Futterautomaten mit Sonnenblumenkernen auf einer Fensterbank oder einem Balkon aufzusuchen. Die weiteren Plätze auf der Rangliste nehmen Feldsperling, Grünfink, Goldammer, Blaumeise und Amsel ein. Ihre genaue Reihenfolge hat sich jedoch seit Beginn der Erhebung 2006 immer wieder verändert. Unter den 30 Top-Arten finden sich auch stets solche, die wir mit winterlicher Vogelfütterung verknüpfen: Kleiber, Gimpel, Haussperling, Bergfink und so weiter. Beim Gang um die Scheunen sehe ich fünf Stieglitze auf trockenen Wegwartenblüten am Wegrand. Ich freue mich darüber, dass sie gerade jetzt auftauchen, denn sie stehen ebenfalls auf der Liste – direkt unter der 20er-Marke.

Man könnte als Wintervögel solche Arten bezeichnen, die im Norden überwintern und sich an kalte, schneereiche Winter angepasst haben, wie zum Beispiel Unglückshäher, Kolkrabe, Auerhuhn, Weidenmeise und Waldkauz. Allerdings kommen auch einige Wasservogelarten gut im Winter zurecht, wenn sie offenes Wasser vorfinden. Stockente, Gänsesäger, Lachmöwe und Mantelmöwe sieht man öfter an der schwedischen Küste. Trotzdem kommen im Buch keine Schwimmvögel vor, obwohl Stockente, Sturmmöwe, Lachmöwe und sogar Mantelmöwe auf der Liste von »Vinterfåglar inpå knuten« stehen. In vielen Städten werden Fütterungen an Parkteichen organisiert, die bei drohender Vereisung oft durch Pumpen offen gehalten werden. Dort versammelt sich häufig eine bunte Mischung aus Enten, Möwen, Krähenvögeln und Sperlingen, die von dem ausgelegten Futter angelockt werden, ohne dass es eine genaue Liste der Vogelarten gibt. Für meine Auswahl habe ich die ersten 60 Arten aus den Listen der letzten Jahre von »Vinterfåglar inpå knuten« genommen und die Vögel mit Schwimmhäuten, also die Enten und Möwen, weggelassen. Allerdings habe ich das Rebhuhn dazugenommen, obwohl es merkwürdigerweise auf keiner der Listen zu finden ist. Hier im südlichen Gotland sind Rebhühner noch relativ häufig. Bei Schnee und Kälte und vor allem bei hart gefrorenem Schnee besuchen sie gern Gärten, die an die Feldflur grenzen. Sie fühlen sich in der Nähe der Bauernhöfe wohl, und auch an meiner Fütterung habe ich schon oft welche gesehen.

Meine Vogelfütterung befindet sich bei meinem Atelier, das etwa einen Kilometer vom Wohnhaus entfernt liegt. Es ist eine umgebaute Scheune auf einem ehemaligen Bauernhof, der bereits in den 1950er-Jahren aufgegeben worden war. In der Nähe liegt ein Wäldchen mit unterschiedlichen Laubbäumen. Vom Atelierfenster schaue ich auf mehrere große Eichen, eine hohe Linde, Haselbüsche und andere Laubbäume wie Spitzahorn, Esche, Birke sowie ein stattliches Schlehendickicht. Das Wäldchen grenzt an eine Weidelandschaft mit eingestreuten Weißdorn- und Schlehenbüschen sowie mehreren Wacholdern. Dahinter ist in südöstlicher Richtung in einigen hundert Metern das Meer zu sehen. Auf dem Hofgelände liegt neben der Einfahrt zum Atelier ein verwilderter Garten mit einem alten Birnbaum, einigen Fliederbüschen und Obstbäumen, die alle zusammen eine grüne »Wand« zum Sommerhaus des Nachbarn bilden.

Meine Möglichkeiten, Vögel zu füttern, sind sicher nicht mit denen der meisten Menschen vergleichbar. Ich befinde mich auf einem typischen Zugkorridor zwischen den Gebieten im Nordosten, also Finnland und Russland, und den Überwinterungsgebieten im Südwesten, also Südschweden und Westeuropa. Wir bezeichnen die fünf südlichsten Gemeinden auf Gotland als »Storsudret« (großer Süden). Das Gebiet bildet eine Halbinsel, die 25 Kilometer lang und an der breitesten Stelle zehn Kilometer breit ist. In der Mitte der Halbinsel befindet sich ein zusammenhängendes Waldgebiet mit Kiefern und verschiedenen Laubbaumarten. Die Landschaft, in der ich mich bewege, ist jedoch typisches Kulturland mit Äckern, Feldern, heideartigen Weiden und kleinen Gehölzen. Mein Atelier liegt etwas abseits des zentralen Waldes. Daher hat sich die Tannenmeise noch nie an meiner Fütterung blicken lassen.

Da ich regelmäßig Ringel- und Hohltauben im Wäldchen vor meinem Atelier sehe – beide brüten hier auch –, ist der Platz natürlich für Greifvögel ebenfalls interessant. Die Liste an jagenden Vögeln, die von meiner Futterstelle angelockt werden, das heißt, die an meinen Tauben, Sperlingen, Waldmäusen und so weiter interessiert sind, ist ziemlich lang: Steinadler, Habicht, Sperber, Kornweihe, Wanderfalke, Mäusebussard, Waldohreule und Raubwürger. Ich habe mich entschlossen, drei Greifvogelarten ins Buch aufzunehmen, von denen der Sperber am meisten hergibt. Aber auch Habicht und Mäusebussard stehen auf der Liste der 60 Arten, die während

der Wintervogelzählung erfasst wurden. Ich lege öfter überfahrene Kaninchen und Hasen aus oder auch größere Stücke Schweinefleisch, um »Modelle« für meine Malarbeit anzulocken. Folglich hatte ich Kolkrabe und Steinadler an der Fütterung – gerade einmal 70 Meter vom Atelier entfernt. Der Kolkrabe ist meines Erachtens nur durch die Greifvögel zur Fütterung gelockt worden. Vielleicht besuchen die Raben tatsächlich gängige Futterstellen, aber da könnte auch die eine oder andere falsch bestimmte Saatkrähe darunter sein. Durch die Aufnahme des Kolkraben ins Buch ist die Krähenvogelfamilie komplett. Schneeammer, Polarbirkenzeisig und Berghänfling führen den Winter bereits im schwedischen Namen und gehören deshalb schon in ein Buch über Wintervögel, auch wenn sie Fütterungen eher selten besuchen. Als ich dann erfuhr, dass die drei zumindest in manchen Jahren auf der Liste der 60 Top-Arten standen, war die Sache klar. Die Schneeammer habe ich im Frühjahr an Fütterungen rings um lappländische Häuser gesehen, und offensichtlich besuchen Berghänflinge in anderen Teilen Schwedens Kleinvogelfütterungen.

Empfehlungen, wie man Vögel füttert oder welche Sämereien und Futterautomaten am besten geeignet sind, habe ich bewusst nicht gegeben, denn darüber ist bereits sehr viel veröffentlicht worden. Mein Interesse gilt den Vögeln selbst, ihrem Aussehen und normalen Verhalten im Winter. Als Künstler konzentriere ich mich vor allem auf Äußeres und Farbmuster, indem ich versuche, meine Eindrücke mit Pinsel und Farbe umzusetzen.

Während der Arbeit an diesem Buch haben sich einige Erfahrungen noch verstärkt. So weiß ich recht wenig über einige häufige Arten. Um einen Vogel malen zu können, muss ich aber eine Beziehung zu der Art aufbauen, indem ich an ein oder mehrere bestimmte Begebenheiten anknüpfe. Man kann dies auch als Inspiration bezeichnen. Wann habe ich zuletzt einen Grauspecht gezeichnet? Oder wann habe ich zuletzt einen Tannenhäher gesehen? Wenn ich einen fliegenden Tannenhäher malen möchte, überlege ich zuerst, wie er eigentlich aussieht, auch wenn ich meine, es bereits zu wissen. Wenn ich die Häher dann während ihrer herbstlichen Eichelflüge beobachte, sehe ich ihre unterschiedliche Flugweise, je nachdem ob sie zum Wald hin oder von dort zurückkommen. Auf dem Rückweg ist der Flug schwer und flappend, die Flugbahn weniger gerade. Auf dem Hinweg jedoch führt die Bahn zielgerichtet geradeaus und wirkt deutlich leichter. Um die Rufe der Nebelkrähe, dieses ständige heisere Krächzen, lautmalerisch umzusetzen, halte ich mich an einem Herbstmorgen mit meinem

Notizblock im Hof auf. Dann erschließt sich mir eine Welt, über die ich bisher kaum nachgedacht habe. Die »Hof-Krähen« scheinen sich über die Verhältnisse und die Absichten für den Tag zu unterhalten.

Im Internet gibt es sehr viele Fotos und Bücher über die Arten, die ich behandle. Jedoch muss ich, um eine bestimmte Vogelart beschreiben zu können, ein eigenes Erlebnis haben. Nur dann kann ich eigene oder fremde Fotografien beurteilen. Es reicht nicht, einen Mittelwert vieler Fotos zu bilden, sondern ich muss eine eigene Skizze als Schablone für die Details zur Verfügung haben. Sie dient als Schlüssel für das Erleben, und letztendlich ist es gerade mein eigenes Erlebnis, das ich vermitteln möchte. Mitunter meine ich, eine künstlerisch-ornithologische Beziehung zu einer bestimmten Art zu haben, die jedoch irgendwie verschwommen ist. Dann muss ich sie erneut studieren. So war die Sumpfmeise, die ich als Teenager in Södertörn (bei Stockholm) sehr gut kannte, gleichsam ausradiert, zumindest nicht ausreichend lebendig, so dass die Malarbeit fast zum Erliegen kam, egal wie viele Fotos ich mir ansah.

Kaum erstaunt haben mich meine Wissenslücken über Arten, die nicht in meinem Umfeld vorkommen. Daher hatte ich fest eingeplant, einige Festlandsarten wie die Haubenmeise und die beiden Graumeisen aufzusuchen. Während der Arbeit war ich eher verwundert, dass mir Vögel, die ich tagtäglich sehe, Überraschungen und Lehrstücke boten.

In den letzten Jahren habe ich öfter darüber nachgedacht, wie viel Spaß es mir nach den vielen Jahren immer noch macht, Vögel nur zu beobachten. Diese Begeisterung, die ich beim Beobachten selbst der häufigsten Arten empfinde, hoffe ich vermitteln zu können. Wie viele Gedanken und Fragen zu Aussehen und Biologie der Vögel entstehen dadurch! Sie entsprechen Gedanken zu meinem eigenen Dasein und Fragen, die mich selbst betreffen, mein Innerstes und was für mich wichtig ist. Ich habe ein starkes Bedürfnis nach Nähe, um verstehen und beurteilen zu können, was ich sehe, und dies dann durch Zeichnen und Malen ausdrücken zu können.

Je öfter man Vögel betrachtet, desto mehr Fragen drängen sich auf. Björn von Rosen sagte in seinem Buch »Om naturtrohet och andra funderingar om konst« *(Über Naturtreue und andere Überlegungen zur Kunst)*, dass man das Sichtbare sorgfältig betrachten soll, um das Unsichtbare zu sehen. Wenn wir das Alltägliche lange genug betrachten, dann erscheinen der Alltag und die einfachen Dinge um uns herum einzigartig. Dieses Gefühl möchte ich mit diesem Buch vermitteln.

Der Winter naht

Für die meisten ist Herbst ein relativer Begriff. Der Herbst setzt ein, wenn wir meinen, dass der Sommer langsam zu Ende geht – das heißt, wenn unser Sommergefühl allmählich nachlässt. Manchmal ist das bereits im August der Fall, wenn die Abende nach und nach dunkler werden und Regenwürmer auf der Wiese zu sehen sind. Ich fühle oft den Herbst kommen, wenn ich die erste klare Septemberluft spüre, wenn über Nacht das Thermometer um mehrere Grad gefallen ist und draußen alles fast schon frostig wirkt. Das erste Schnickern eines Rotkehlchens, das »Hüit tick tick« eines rastenden Gartenrotschwanzes im Obstgarten oder ein »neuer« Grauschnäpper im Birnbaum – alle diese kleinen befiederten Zeichen kündigen den Herbst an. Es kann immer noch August sein, aber der erste Frost im Norden ist schon fühlbar. Jetzt starten nicht nur die Laubsänger und Grasmücken zu ihrem Zug gen Süden, auch die ersten Drosseln ziehen bereits.

Der September, der erste offizielle Herbstmonat, kann rein meteorologisch in Südschweden noch ein Sommermonat sein. Dagegen setzt in Lappland oft bereits im Oktober der Winter ein. Laut schwedischem Wetterdienst beginnt der Herbst mit dem ersten von fünf aufeinanderfolgenden Tagen, an denen die mittlere Temperatur unter zehn Grad liegt. Für Vögel, die vor allem von Insekten leben, ist das ein guter Richtwert, da deren Menge mit beginnendem Herbst schnell abnimmt.

In Kiruna tritt dies etwa Mitte August ein, dann haben die meisten Laubsänger und Trauerschnäpper die norrländischen Wälder verlassen. Auch wenn es im Norden immer wieder milde Tage mit fliegenden Insekten gibt, hat die Evolution dafür gesorgt, dass die in die Tropen ziehenden Kleinvögel rechtzeitig aufbrechen, um so ihr Überleben zu sichern. Arten wie Garten- und Mönchsgrasmücke können sich noch etwas Zeit lassen, denn sie nutzen im Herbst das reiche Angebot an Beeren. Für samenverzehrende Vögel wie Finken, Sperlinge und Ammern ist der Herbst vor allem Erntezeit. Mit den Beeren, Früchten und Samen ist der Tisch im Spätsommer so gut gedeckt, dass der Vorrat oft für den ganzen Winter reicht. Schon im Mai lassen sich Bluthänflinge dabei beobachten, wie sie die noch geschlossenen Fruchtstände des Löwenzahns zerpflücken, um an die milchreifen Samen zu gelangen. Ab diesem Zeitpunkt gibt es den ganzen Sommer hindurch reichlich Nahrung.

Gemischte Meisentrupps

Waldspaziergänger kennen die Stille, das Fehlen von Leben, das vom Spätsommer bis in den Herbst hinein andauert – vor allem wenn sie sich an das Frühlingskonzert erinnern. Meisen, Baumläufer, Kleiber und Goldhähnchen sammeln sich schon im Hochsommer in kleinen Gruppen, sogenannten Meisentrupps, die lokal umherziehen. Begegnet man so einer Schar, werden die Bäume um einen herum durch leise Lockrufe und Knackgeräusche im Gezweig plötzlich lebendig. Diese Meisentrupps besitzen eine deutliche Struktur: Zum einen bestehen sie aus Vögeln, die zusammen in größeren Gebieten umherwandern, zum anderen aus Vögeln vor Ort, die sich einem Trupp anschließen, wenn er ihr Revier kreuzt. In Nadel- und Mischwäldern fliegen in solchen Gruppen Weidenmeisen, Haubenmeisen, Wintergoldhähnchen, Waldbaumläufer und Kohlmeisen. In vielen siedlungsnahen Gehölzen und Laubwäldern bilden Kohl- und Blaumeisen die Kerngruppe, der sich der eine oder andere Kleiber anschließt.

Fitisse und Fliegenschnäpper trifft man anfangs ebenfalls in diesen umherstreifenden Trupps. Nichtziehende Arten, die im Brutgebiet überwintern, »patroullieren« eher, wenn sie ihr Streifgebiet gezielt inspizieren, nach Nahrung absuchen und gegen Konkurrenten verteidigen. Vögel mit unterschiedlichen Nahrungsansprüchen und Überwinterungsstrategien versammeln sich nach der Brutzeit zu Trupps, die in Rufweite umherziehen. Zu solchen Gruppen können einige Kohl- und Blaumeisen gehören, die später in die Siedlungen einwandern, aber auch ein paar Waldmeisen, die lebenslang ihrem Gebiet treu bleiben, ein Waldbaumläufer oder einige ortsansässige Kleiber, vielleicht auch ein Buntspecht. Nicht selten ist ein

Eichelhäher dabei, denn die Meisen suchen die Nähe dieses wachsamen Vogels. Die Gruppe bietet den Vorteil, dass die Umgebung gemeinsam überwacht wird. Viele Augen und Ohren sehen und hören mehr. Entdeckt einer einen Sperber oder einen Sperlingskauz, dann warnt er alle anderen.

Wintervorräte

Um den Winter zu überstehen, ist es wichtig, Nahrung zu finden. Für die genügsamsten Vögel wie die Waldhühner und manche Finken reichen Nadeln und Knospen von Bäumen aus, um nicht zu verhungern. Andere Arten wie Kleiber, Eichelhäher und viele Meisen zählen zu den »Sammlern«. Sie legen Vorräte aus dem Überangebot der herbstlichen Ernte an Früchten an, von denen sie im Winter zehren. Als Vorratskammern dienen ihnen Verstecke im Boden oder an Bäumen. In Rindenspalten, Astgabeln, zwischen Nadeln, Zapfen und Flechten können Meisen im Sommer und Herbst nicht nur Samen verstecken, sondern auch einen Vorrat an Insekten und Spinnen anlegen, von dem sie sich im Winter bedienen. Eine einzige große Fichte beherbergt sicher Millionen kleiner Insekten und Spinnen: Entweder haben sie sich dort selbst verkrochen, oder sie wurden von einer Meise versteckt. Manche Vögel bedecken ihre Verstecke sogar mit einem Stück Flechte.

Legt man einen Fichtenzweig oder einen morschen Ast im Winter ins Warme, erwachen erstaunlich viele Krabbeltiere aus ihrer Winterstarre. Tannenhäher können sich daran erinnern, wo sie ihre Haselnüsse versteckt haben. Dagegen kennt ein Weidenmeisenpaar nicht mehr jedes einzelne Versteck in seinem Revier. Vielmehr merkt es sich einen bestimmten Baumabschnitt, etwa den Stammbereich über dem Boden oder einen Teil eines Astes. Im Winter verteidigen die Meisen diese Bereiche und stoßen bei der Suche nach Nahrung vermutlich auf die Leckerbissen.

Allerdings hält die Natur für gewisse Vogelarten auch den ganzen Winter über eigene Nahrungsvorräte bereit. Wo ich wohne, stehen zahlreiche Eschen. Wenn sie reichlich Früchte tragen, finden Gimpel, Kohl- und Blaumeisen vermutlich gut gefüllte Vorratskammern vor. Da die Fruchtstände den ganzen Winter über hängen bleiben, können die Vögel selbst bei hohem Schnee die Samen ernten. Ahornfrüchte fallen dagegen auf den Boden und sind nur solange zugänglich, wie kein oder wenig Schnee liegt. Eine wichtige Nahrungsquelle für Waldvögel bilden die Samen von Waldkiefern und Fichten. Tannenmeisen, Kreuzschnäbel, Buntspechte und Erlenzeisige sind von dieser Nahrungsquelle abhängig, aber auch Buchfinken fressen im nordischen Frühjahr herabgefallene Fichtensamen. Die meisten Finken bevorzugen energiereiche Samen von Kräutern und Bäumen, können aber bei Bedarf auf Knospen von Sträuchern und Bäumen ausweichen, was häufig im Spätwinter der Fall ist.

Stand- und Strichvögel

Viele Arten in diesem Buch sind ausgeprägte Standvögel, das heißt, sie bleiben das ganze Jahr über in dem Areal, in dem sie als Erwachsene ihr Revier gegründet haben (Jahresvögel). Dagegen unternehmen Gimpel, Amseln oder Sperber, die wir oft als reine Standvögel ansehen, im Herbst weite Wanderungen von den nördlichsten Teilen Nordeuropas nach Süden. Gibt es genügend Beerennahrung, dann können manche dieser Arten, vor allem Seidenschwänze, Drosseln, Rotkehlchen und Mönchsgrasmücken, recht lange im Norden ausharren. Früher bezeichnete man Arten, von denen ein Teil überwintert, der andere Teil aber im Winter über weite Strecken verstreicht, als Strichvögel (heute Teilzieher). Ihr Zugverhalten richtet sich nach Nahrungsangebot und Wetterverhältnissen. Vögel wie Birkenzeisig und Bergfink ziehen von ihren Brutgebieten im Norden fort, können aber in großer Zahl im südlichen Skandinavien bleiben, solange es genug Nahrung gibt. Im Winter ist ihr Zugverhalten nomadisch – in manchen Jahren sind sie in einem bestimmten Gebiet sehr häufig, um dort im Winter darauf fast völlig zu fehlen. Eigentlich ist unser häufigster Wintervogel, die Kohlmeise, ebenfalls ein Strichvogel, denn diese Meise gibt im Spätsommer ihr Revier auf, um zusammen mit Artgenossen in der weiteren Umgebung umherzuziehen. Finden die Vögel eine reiche Nahrungsquelle wie einen Buchenwald, ein Eichengehölz oder eine fruchtende Kiefernpflanzung, bleiben sie in diesem Gebiet. Natürlich nehmen sie genauso gern mit einem Garten mit regelmäßig angebotenem Futter vorlieb.

Manche Arten wie Zaunkönig und Wintergoldhähnchen sind in der kalten Jahreszeit auf Spinnen und Insektenpuppen angewiesen. Oft bleiben sie in der Hoffnung auf einen milden Winter. Diese Strategie kann sich bei einer Reihe warmer Winter lohnen, sie kann aber schlimm enden, wenn es sehr lange kalt ist und viel Schnee liegt. Zaunkönige suchen nach Beutetieren in Spalten und Ritzen in Reisig, zwischen Zweigen und dichten Kräutern. Für sie bricht eine harte Zeit an, wenn ihre Vorratskammern für längere Zeit mit Schnee bedeckt sind. Wintergoldhähnchen suchen auf ähnliche Weise Insekten und Spinnen in den Kronen von Fichten und Kiefern.

Mauser und Altersbestimmung

Die meisten Vögel machen nach der Brutsaison eine Mauser durch, das heißt, sie wechseln ihr Gefieder. Jede Vogelart mausert dabei über einen bestimmten Zeitraum, doch dieser kann je nach den äußeren Umständen variieren. Allerdings muss das Federkleid rechtzeitig vor dem Winter wieder intakt sein. Normalerweise wechseln adulte, also ausgewachsene Vögel ihr Gefieder vollständig, was als Vollmauser bezeichnet wird.

Viele junge Singvögel mausern im ersten Kalenderjahr (1es KJ) nur das Körper- und Kopfgefieder sowie die kleinen Flügeldeckenfedern (Kleingefieder) und behalten die Steuer- und Schwungfedern (Großgefieder). Das nennt man Teilmauser. Bei einigen Arten wie Star und Haussperling machen bereits die Jungvögel eine Vollmauser durch und sind danach kaum von adulten Vögeln zu unterscheiden. Jungvögel, die eine Teilmauser durchmachen, können alle oder nur einen Teil der Großen Armdecken wechseln. Bei manchen Arten, die bis zu dreimal pro Jahr brüten, wie der Grünfink, beginnt der Gefiederwechsel der Jungen der letzten Brut wie bei den Eltern spät im Jahr und kann sich bis in den Oktober erstrecken. Dagegen haben die Jungvögel, die im zeitigen Frühjahr schlüpfen, mehr Zeit für die Mauser. Sie tauschen vielleicht sogar eine oder mehrere der inneren Armschwingen, der sogenannten Schirmfedern, und die mittleren Steuerfedern.

Die Jungen von Greifvögeln mausern ihr Jugendgefieder nie direkt nach dem Flüggewerden, sondern erst im folgenden Frühjahr. Sie behalten also ihr erstes richtiges Gefieder während des ersten Winters. Typisch für viele Finken ist ein Sommer- oder Prachtkleid, das durch einen speziellen Vorgang entsteht: Im Herbst gebildete Federn weisen einen bräunlichen oder hellbeigen Saum auf, der die darunterliegenden Federbereiche verdeckt. Bis zum Frühjahr nutzt sich dieser Saum ab oder bricht ab, und die verborgenen schwarzen oder intensiver gefärbten Bereiche erscheinen. Die Gefiederfärbung von Berg- oder Buchfinken ähnelt im Winter der Farbe trockener Blätter. Das Gelb der Goldammern ist zu dieser Zeit teilweise

Grünfink,
adultes Männchen

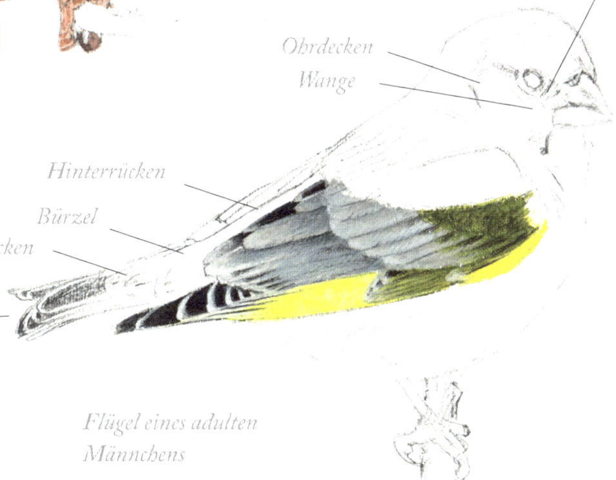

Flügel eines adulten
Männchens

Flügel eines jungen Grünfink-
weibchens mit abgenutzten
Schirmfedern

Flügelstudien eines Erlenzeisigs

überdeckt von Farbtönen, die welkem Gras entsprechen. Alle Meisenarten und die Gimpel sind dagegen das ganze Jahr über ziemlich gleich gefärbt.

Jungvögel erkennt man oft an einem Patchwork aus unterschiedlich abgenutzten und gefärbten Partien der juvenilen Federn und dem durch Teilmauser entstandenen neuen »adulten« Gefieder. Das ist aber nur aus der Nähe zu sehen. Auf einem Foto lässt sich das Alter am leichtesten beurteilen, wenn man das Bild vergrößert. Es kann spannend sein, ob sich die Amsel oder der Erlenzeisig als Jungvogel oder Altvogel »entpuppt«.

Verbreitung im Winter

Die üblichen Verbreitungskarten zeigen das ungefähre Vorkommen einer Vogelart zur Brutzeit und während des Winters. Es ist natürlich viel schwieriger, die Verbreitung im Winter zuverlässig darzustellen als zur Brutzeit. Wenn man in Schweden zwischen Oktober und April Vögel füttert, erweitert sich die Artenliste um einige durchziehende Arten wie Bergfink, Heckenbraunelle und Rotkehlchen – auch weit im Norden.

Um Wintervorkommen zu beurteilen, informiere ich mich am besten im »Artportalen«, der schwedischen Datenbank für Vogelbeobachtungen, die von der Landwirtschaftsuniversität in Uppsala bereitgestellt wird (in Deutschland entsprechend www.ornitho.de). Hier finde ich anhand verschiedener Suchkriterien Angaben zu einer bestimmten Art. Ich habe zum Beispiel Beobachtungen von Dezember bis Februar der Jahre 2010 bis 2015 gesucht. Gemeldet werden allgemeine Feststellungen, nicht speziell an Fütterungen. Auffällig ist, dass Einzelexemplare eigentlich ziehender Singvögel in weiten Teilen des Landes erfasst wurden. Diese können dort natürlich auch an den Futterstellen erscheinen. Die Heckenbraunelle ist ein Beispiel dafür. Sie hat dadurch eine riesige Winterverbreitung in Schweden, ist jedoch außerhalb der südlichen Provinzen Schonen und Halland im Winter sehr selten. Den Haussperling trifft man generell in Siedlungen in ganz Schweden an, er kann jedoch gleichzeitig ausgesprochen selten auf einem Einödhof mitten in einem großen Waldgebiet sein. Hohl- und Ringeltauben ziehen oft schon Ende Februar nach Mittelschweden zurück, überwintern dort aber nur ausnahmsweise. Andere Arten lassen sich nach einem milden Herbst bis in den Dezember hinein Zeit mit dem Wegzug, würden allerdings kaum den ganzen Winter im Brutgebiet überstehen.

Es gibt viele Erklärungen, warum die Verbreitungskarten nicht immer das normale Vorkommen im Winter wiedergeben, sondern eher Interpretationen zulassen. Sie übertreiben das Vorkommen vieler normal ziehender Arten, treffen aber auf die häufigsten Vögel an Fütterungen genauer zu. In den Artentexten habe ich versucht, ein wirklichkeitsgetreueres Bild vom eigentlichen Status im Winter zu beschreiben. Ich muss aber zugeben, dass die Karten ein grafisches Element im Buch sind, weil ich Karten, speziell handgezeichnete, sehr gern mag. Als Quellen für die Winterverbreitung in den anderen skandinavischen Ländern verweise ich auf »Norsk Vinterfugleatlas« und »Fuglenes Danmark«. Für Finnland fehlt eine Zusammenstellung der Winterverbreitung, daher habe ich teils »The Finnish Bird Ringing Atlas Vol. II«, teils andere Quellen verwendet. Die Häufigkeitsangaben habe ich dem Buch »Fåglarna i Sverige« entnommen, herausgegeben von der Schwedischen Ornithologischen Vereinigung (SOF). Als Vorlage für die Verbreitung der Vögel in Deutschland diente der »Atlas Deutscher Brutvogelarten«.

Lönnäsor
Ågesta 24.10.15

VOGELARTEN

REBHUHN

Perdix perdix

DAS REBHUHN steht nicht auf der Liste der 60 Arten (von »Vinterfåglar inpå knuten«), die am häufigsten Vogelfütterungen besuchen. Trotzdem ist es regelmäßiger Gast direkt an meinem Wohnhaus, das in einer Kulturlandschaft mit Äckern und Viehweiden im südlichen Gotland liegt. Um die Bauernhöfe herum gibt es viele Randstreifen und Brachflächen, auf denen Vogelknöterich und Einjähriges Rispengras wachsen, begehrte Nahrung für die Rebhühner. Schon im Herbst zeigen sich häufig Familientrupps, sogenannte Ketten, auf unserem Hof. Sie schlüpfen geduckt durch ein Loch im Tor und suchen im Garten nach Fressbarem und nach Rohbodenbereichen zum Staubbaden. Wenn sie sich ungestört fühlen, sind sie ständig aktiv und knipsen mit schnellen Schnabelbewegungen die Spitzen von Gräsern und Kräutern ab. Liegt Schnee, fallen sie stärker auf, denn dann suchen sie häufig auf dem offenen Feld nach Nahrung und verzehren die grünen Blätter der Herbstsaat von Raps oder Roggen. Bei strenger Kälte, hohem Schnee und eisigem Wind können die Hühner nicht bis zur Bodenschicht vordringen, dann besuchen sie oft regelmäßig Vogelfütterungen. Gewöhnlich halten die Familiengruppen, bestehend aus einem Paar und seinen Jungen, den Winter über zusammen und zerfallen erst irgendwann Ende März, wenn die Hühner wieder territorial werden.

Das rundliche Rebhuhn ist ungefähr so groß wie ein Zwerghuhn, der Körper etwa krähengroß. Das Gefieder ist wundervoll gefleckt, gebändert und marmoriert und gibt Färbung und Struktur eines brachliegenden Ackerstreifens wieder. Der Hahn trägt eine ausgedehntere und kräftiger orangebraune Gesichtsmaske und einen größeren kastanienbraunen Bauchfleck. Die dunkle, quer verlaufende Hinterrückenzeichnung setzt sich auf der Schwanzoberseite fort und ist klar braunrot, bei der Henne eher bräunlich gefärbt. Das Gesicht wirkt beim Weibchen im Winter deutlich

»älter« mit grauem Überaugenstreif und grau eingerahmter, matt orangeroter Maske. Insgesamt erscheinen Weibchen im Vergleich zu Männchen etwas grauer und beiger.

Rebhühner sind Vögel der offenen Feldflur und fühlen sich nur wohl, wo es kräuterreiche Randstreifen gibt, die an die Steppenlandschaften ihrer Heimat erinnern. In Schweden kommen sie hauptsächlich im südlichen Tiefland vor. Da Rebhühner normalerweise Standvögel sind, die nur ungern weite Strecken fliegen, geht das Vorkommen auf Gotland auf eingebürgerte Vögel zurück. Vermutlich wurden um 1820 die ersten Hühner dort ausgesetzt. Auch in Ausgrabungen auf Öland und Gotland aus dem fünften Jahrhundert konnten Rebhühner nachgewiesen werden. Sie wurden wahrscheinlich von Kaufleuten eingeführt. Die Bestände unterlagen im Lauf der Zeit starken Schwankungen, denn strenge Winter können eine isolierte Population fast völlig auslöschen. In Russland unternehmen die Vögel oft längere Flüge, wenn ihnen Eis und Harschschnee die Nahrungssuche unmöglich machen. Die Einwanderung in die Ostseeregion geschah

jedoch auf natürlichem Wege, nachdem das Land urbar gemacht wurde. Wahrscheinlich war die Populationsgröße in den 1950er-Jahren am höchsten, weil Fressfeinde wie Habicht und Fuchs durch intensive Bejagung dezimiert waren. In Dänemark wurden in den 50er-Jahren jedes Jahr 300 000 bis 400 000 Rebhühner geschossen. Allerdings wurden die Hühner auch in großem Stil für Jagdzwecke nachgezüchtet. Der Rückgang der Bestände geht auf die moderne Landwirtschaft zurück, deren intensiver Einsatz von Insektiziden und Pestiziden die Nahrungsgrundlage vernichtet. Die Jungvögel benötigen in der ersten Zeit Insektennahrung. Nach den 60er-Jahren nahmen die Bestände noch dramatischer ab, so dass die Art heute in Mittelschweden selten geworden ist.

Bei mir sehe ich oft den ganzen Mai über Rebhühner paarweise, die erste Kükenschar um Mittsommer herum und später und oft noch im August kleine Küken. Wahrscheinlich gehen viele der ersten Bruten ein, oder die Hühner haben sich sukzessive an einen späteren Brutbeginn angepasst, da dann die Wiesen nach der ersten Mahd im Mai wieder hochgewachsen sind.

JAGDFASAN
Phasianus colchicus

DER FASAN ist in Europa eingeführt. Er stammt aus verschiedenen Teilen Asiens vom Kaukasus bis China. In Schweden fand die Einbürgerung in der Mitte des 18. Jahrhunderts statt, aber erst gegen Ende des 19. Jahrhunderts konnten die Vögel in Südschweden nachhaltig Fuß fassen. Im ursprünglichen Artareal leben zahlreiche Unterarten und Farbvarianten. Am häufigsten kommen Vögel mit einer Mischung aus Eigenschaften verschiedener Subspezies vor. Der Unterart, auf die der wissenschaftliche Artname *colchicus* zurückgeht und die am nächsten zu uns in Transkaukasien brütet, fehlt ein Halsring, sie ist recht einheitlich orange und rotbraun gefärbt. Die aus China stammende Unterart *torquatus* ziert ein ansprechendes Blaugrau auf dem hinteren Rücken und den vorderen Flügeldecken. Schwedische Jagdfasane besitzen oft einen weißen Halsring, aber nur selten ein deutliches Blaugrau. Manchmal sieht man dunkle Farbvarianten bei der Unterart *tenebrosus*, die ebenfalls aus China stammt. Dort ersetzen dunkle Blautöne und Grün das Orange und Rotlila.

Die Hennen sind deutlich kleiner als die Hähne und allgemein braunbeige, weisen aber eine ansprechende Musterung auf, die mich als Maler mehr inspiriert als die protzigen Hähne. Die dunkel blaugraue Form findet ihre Entsprechung bei den Hennen in einer dunkler rotbraunen oder kastanienbraunen Grundfärbung. Die auffällig roten Hautlappen am Kopf der Männchen variieren mit den Jahreszeiten und auch in Abhängigkeit von Kondition und Status der einzelnen Hähne.

Fasane dienten lange als Jagdwild. Das ist auch heute noch auf großen Landgütern der Fall. In Schottland sind die Vögel gebietsweise so häufig, dass sie wie Hausgeflügel empfunden werden. Die Bestände in Schweden würden vielleicht nach mehreren kalten Wintern wieder verschwinden, wenn nicht für Nachschub durch gezüchtete Vögel gesorgt würde.

Federstudie eines tenebrosus-Männchens

Bei uns leben Fasane auf Landwirtschaftsflächen, offenen Feldern im Anschluss an Waldränder und Buschflächen, nicht selten nahe Feuchtgebieten mit Schilfbestand. Die Hühner besuchen oft gezielt Fütterungen von Landgütern, auf denen kommerzielle Fasanenjagd betrieben wird. Meine Futterstelle, die an ein Wäldchen mit verschiedenen Laubbäumen grenzt, erhält zu bestimmten Zeiten Besuch von Fasanen. Sie übernachten wie Haushühner auf der Stange, das heißt, auf einem Zweig hoch in Bäumen, am liebsten in einem dichten Schlehenbusch oder einer Fichtenschonung, wo sie vor dem Habicht, ihrem ärgsten Feind, sicher sind. Nähert sich ein Fuchs, fliegen sie augenblicklich auf einen Baum.

Aufdringliche Verehrer

In den Jahren, in denen mich Fasane rund um mein Atelier besuchten, amüsierte mich das Werbeverhalten der Hähne. Das Männchen präsentiert dem Weibchen seine gesamte Oberseite, indem es den Körper zur Henne hin seitlich abwinkelt und ihn breit werden lässt, so dass eine Art Teppich aus allen Farben und Mustern entsteht. Die Schwanzfedern breitet es fächerförmig aus. Der Hahn stellt sich der Henne ständig in den Weg, als wolle er sie wie ein aufdringlicher Teppichhändler zwingen, seine ganze Pracht zu bestaunen. Zu Beginn des Frühjahrs ignoriert die Henne das Werben des Hahns, sie pickt weiter nach Nahrung. Aber vermutlich findet sie ihn mit fortschreitendem Frühjahr immer attraktiver. Der Hahn trägt seinen Reviergesang meist von einer erhöhten Stelle in seinem Territorium vor. Dazu richtet er sich hoch auf und stößt ein eindringliches, heiseres »Tsche-weck« aus, auf das sofort ein energisches Flügelburren folgt. Die extreme Ausprägung von Gestalt und Gefiederzeichnung ist bei Fasanen und anderen Hühnervögeln nicht nur Ausdruck des weiblichen Interesses für die männliche Pracht. Je extremer Schwanz und Farbzeichnungen sind, desto größere Überlebenschancen hat offensichtlich der Hahn, außerdem zeigt es wohl oft, dass der Hahn über gute Gene verfügt.

Die Hennen sind in ihrer Musterung sehr unauffällig. Und wenn sie zwischen trockenem Gras, Kräutern und Zweigen brüten, erkennt man den Sinn dieser Tracht. Im dichten Gestrüpp verschmilzt ihr Gefieder mit dem Hintergrund – als wäre es ein Teil eines Pflanzenteppichs. Die einzelnen Federn eines Weibchens sind unwahrscheinlich aufwändig und geschmackvoll gestaltet. Ob es sich dabei nur um ein Abbild der männlichen Zeichnung handelt oder um eine zusätzliche Funktion im Sozialverhalten, ist schwer zu beurteilen. Zur reinen Tarnung würde ein weniger aufwändiges Muster ebenfalls genügen.

Als Zeichner von Bewegungen und Gestalt der Vögel faszinieren mich die Gesichtsformen der Feldhühner. Während der Hahn meist überdekoriert erscheint, wirken die plastischen Elemente im Gesicht der Henne – Augentaschen, Wangeneinfassung, Überaugenbereich und verschiedene Streifen aus Federreihen –, als bestünden sie aus Lehm. Wenn die Henne den Kopf nach unten neigt, sehen diese Elemente je nach Perspektive ganz unterschiedlich aus. Das prägt das Vogelgesicht, ist aber frustrierend darzustellen, denn das kann leicht danebengehen.

junges Männchen

SPERBER

Accipiter nisus

MIT EINEM SCHLAG sind die Feldsperlinge verstummt und »tarnen« sich als braunes Herbstlaub im Rosenbusch. Die Kohlmeisen erstarren auf den Zweigen, und die Grünfinken stieben in alle Richtungen davon. Eine Amsel flieht zeternd ins zehn Meter entfernte Schlehendickicht. Grund der Aufregung ist ein Sperber, der wie ein Pfeil mit angelegten Flügeln das Idyll stört. Er dreht den Körper, spreizt Flügel und Schwanz, vollführt eine blitzschnelle Wendung und gleitet wie ein Papierflieger in einem anmutigen Bogen, um schließlich mit gefächertem Schwanz auf dem Rosenbusch zu landen. Mit seinen gelben Augen lugt er in das Zweiggewirr zu den Feldsperlingen, die eine Etage tiefer sitzen. Nun unternimmt er einen weiteren Versuch: Er attackiert den Busch von allen Seiten, hüpft auf den Boden, fliegt in das Gezweig – und sieht, wie die Sperlinge auf die andere Buschseite flüchten. Er gibt auf, fliegt ein paar Meter hoch in die Linde, schüttelt die Flügel und steht schließlich in typischer aufrechter Haltung auf seinen dünnen Beinen mit den langen, gelben Zehen. Dort wartet er eine Weile, bis sich die Besucher der Fütterung wieder beruhigt haben. Das ist aber vermutlich nicht so schnell der Fall. Ältere Sperber wechseln nach einem erfolglosen Versuch schon bald in ein anderes Jagdgebiet.

Sperbermännchen sind viel kleiner als Weibchen. Dieser Unterschied ist gut zu sehen. Die Männchen wiegen rund 55 Prozent weniger als die Weibchen und sind etwa 20 Prozent kleiner. Dadurch können beide unterschiedlich große Beute innerhalb desselben Reviers nutzen. An Kleinvogelfütterungen jagen häufiger junge Sperber. Sie sind oberseits insgesamt brauner als Altvögel, die Ränder der Oberseitenfedern sind unterschiedlich rostgelb oder rostbraun getönt. Auch haben sie einen breiteren weißen Überaugenstreif. Der Vorderhals wirkt im Gegensatz zu Altvögeln durch mehr längs verlaufende tropfen- oder herzförmige Flecken wie gespren-

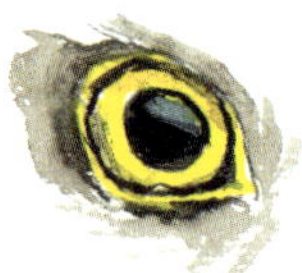

kelt. Jungvögel sind recht variabel in Färbung und Helligkeit des Gefieders, besonders Männchen weisen oft kräftige Rosttöne auf. Die Federn der Oberseite, vor allem die Schulterfedern, Flügeldecken und Schirmfedern, tragen häufig große, weiße Flecken an der Basis. Wenn sie ruhen oder sich aufplustern, erkennt man auf dem Rücken große, bunte Flecken, die wieder verschwinden, wenn die Vögel aufmerksam das Gefieder anlegen. Manche Jungvögel ähneln durch die schwach ausgeprägten Federränder in warmen Tönen eher adulten Weibchen – besonders im Frühjahr, wenn die Federränder bereits abgenutzt sind. Auch wenn die Tropfenflecken auf der Brust ausgebleicht oder abgewetzt sind, so dass die basalen, quer gezeichneten Federflächen zum Vorschein kommen, erinnern die Jungvögel an ältere Weibchen. Das Gefieder adulter Weibchen ist oberseits meist mehr neutral grau getönt. Ihr Überaugenstreif ist schmaler, die Querbänderung unterseits deutlicher. Auch können sie recht auffällige fuchsrote Gefiedertöne aufweisen, vor allem auf Wangen und Flanken. Nach der Mauser im folgenden Frühjahr und Sommer nehmen die Jungvögel das Altvogelgefieder an. Nicht selten jedoch bleibt die eine oder andere juvenile Flügel- oder Schwanzfeder bis über den zweiten Winter erhalten. Diese eher braunen und abgenutzten Federn verraten das Alter des Vogels.

Das bunte Männchen

Ältere Männchen sind oft erstaunlich bunt und wirken mit ihrer ansprechenden blaugrauen Oberseite und der fuchsroten Unterseite geradezu exotisch. Die Tönung der Oberseite variiert von dunkel- bis mittelgrau, erscheint aber blaugrau, denn Blau und Orange sind Komplementärfarben. Die Augen der Männchen sind fast schwarz umrahmt, was an ein »blaues Auge« erinnert. Diese Tönung setzt sich nach hinten über die Ohrdecken fort, während der Zügel, also der Bereich zwischen Schnabel und Auge, weißlich ist. Oft erscheinen Sperber während des Frühjahrszuges von Ende März bis in den April hinein für kurze Zeit. Jedes Mal, wenn ich dann ein adultes Männchen mit kräftig rostroter Unterseite sehe, staune ich über diese Farbenpracht. Die Menge an Rot auf Unterseite und Wangen variiert von Männchen zu Männchen, ebenso zeigt nicht jedes Individuum einen schmalen Überaugenstreif und einen hellen Nackenfleck. Diese Merkmale haben vermutlich nichts mit dem Alter des Vogels zu tun.

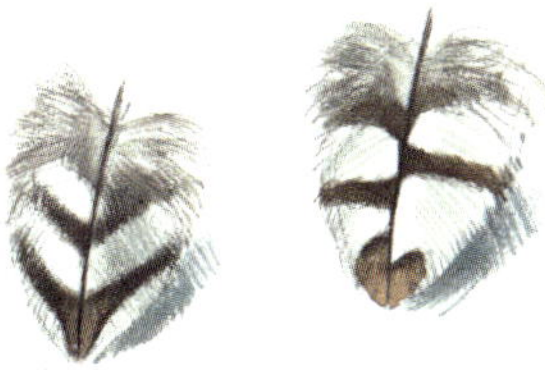

*Brustfedern mit Tropfen-
flecken bei zwei jungen
Sperbern*

*Brustfeder eines
adulten Weibchens*

Männchen

Weibchen

Jungvogel

Kleinvogeljäger

Der Sperber ist im Winter der ärgste Feind der Singvögel. Mit seinen langen Beinen und der langen mittleren Zehe kann dieser Kleinvogelspezialist in der Vegetation geschickt ein Beutetier ergreifen. Als Überraschungsjäger starten die Vögel stets von einem Ansitz aus, werden schneller, um sich im Schutz eines Gebäudes oder einer Hecke an die Beute anzupirschen. Wenn der erste Versuch misslingt, sind wiederholte Attacken an Fütterungen nur selten erfolgreich, denn ein gesunder Kleinvogel behält meist die Oberhand. Sperber verunglücken häufig an Fensterflächen nahe bei Fütterungen, wenn sie aufgescheucht werden und den Himmel im Glas sehen oder einen Fluchtweg durch zwei gegenüberliegende Scheiben vermuten. Während der vielen Jahre, die ich Sperber an meiner Fütterung beobachtete, sah ich immer wieder unterschiedliche Jagdtechniken. Eine Zeit lang hatte ich ein Futterhaus im Stil eines Fachwerkhauses. Durch die Türöffnungen gelangten die Vögel an die Körner. Die Öffnungen waren so groß, dass ein Feldsperling hindurchpasste. Einmal landete ein junger Sperber auf dem Dach des Häuschens. Dann krallte er sich am Brett fest und hangelte mit rudernden Flügelbewegungen rund um das Häuschen, um zu prüfen, ob noch jemand drin sei. Vermutlich bewies er damit, dass er seine Jagdtechnik an die aktuelle Situation anpassen kann. Das Ganze sah ziemlich verrückt aus, aber das machte mir diesen Vogel sympathisch.

Der häufigste Greifvogel Schwedens

Der Sperber brütet zahlreich in Wäldern und Parks in ganz Schweden und ist unser häufigster Greifvogel, dicht gefolgt vom Mäusebussard. Der Bestand wird auf rund 45 000 Vögel geschätzt. Nur im offenen Bergland (Fjäll) gibt es keine, sie werden dort vom Merlin als Kleinvogeljäger ersetzt. Der Sperber fühlt sich in Städten und Dörfern wohl, wenn es geeignete Parks oder Waldstreifen für die Jungenaufzucht gibt. Als Brutlebensraum zieht er dichtere Fichtenbestände vor. In den nördlicheren Landesteilen ist er überwiegend Zugvogel, die meisten verbringen jedoch den Winter im südlichsten Skandinavien. In Süd- und Mittelschweden harren eher junge Sperber aus. Sie überwintern dort oft in Siedlungen, wo es mehr Kleinvögel gibt als in zusammenhängenden Waldgebieten. Folglich trifft man meist auch Jungvögel an den Futterstellen an.

Kohlmeise

HABICHT

Accipiter gentilis

DER HABICHT ist in den letzten Jahren in die Städte eingewandert und hat dort teilweise den Sperber verdrängt. Die Vögel wurden während des letzten Jahrhunderts systematisch verfolgt, denn sie stellen nicht nur den Haushühnern nach, sondern auch anderem jagdbaren Wild, das die Menschen für sich beanspruchen. Sven Nilsson aus Schonen schrieb 1858 in seinem Buch »Skandinavisk Fauna«: »Bei uns ist der Habicht einer der verbreitetsten und schädlichsten Raubvögel.« Ich selbst habe ihn in all den Jahren als einen ausgesprochen scheuen Vogel kennengelernt. Speziell ältere Habichte ließen sich kaum von Nahem studieren. Oft ist bei einer kurzen Begegnung nur ein stahlgrauer Rücken zu sehen, der zwischen Bäumen hindurch oder über einen Waldweg saust.

Die neue Generation von »Stadt-Habichten« hat ihr Verhalten jedoch geändert. So konnte ich in den letzten Jahren schon mehrfach in Stockholm vom Auto aus einen jagenden Habicht beobachten, der über ein Rondell oder zwischen den Linden am Straßenrand flog. Das erstaunt mich jedes Mal wieder. Mitten in Stockholm jagen die Habichte Lachmöwen am Fluss Strömmen oder Tauben im Stadtpark Kungsträdgården. Fast immer machen Nebelkrähen auf den Greifvogel aufmerksam. Wenn sie ihn entdeckt haben, rufen sie laut und hart. Einen Sperber kündigen sie in einer ganz anderen Tonlage an. Trotz seiner Anpassung an die städtische Umgebung braucht der Habicht zum Brüten ältere Waldgebiete. Diese findet er heutzutage eher in der Nähe der Städte als in den Industrieforsten, die derzeit im Waldland Schweden vorherrschen.

Ein adultes Männchen mit orangeroten oder manchmal richtig roten Augen ist eine beeindruckende Erscheinung. Scheitel und Ohrdecken sind bei den älteren Männchen oft kontrastreich dunkel schiefergrau oder schwarz abgesetzt. Die Unterseitenbänderung wird mit zunehmendem

Weibchen

Männchen

Alter feiner und weniger schwarz, so dass die Unterseite viel heller, mitunter fast weißlich erscheint.

Das Weibchen ist bedeutend größer als das Männchen, es wiegt bis zu eineinhalb Kilo. Es hat hellgelbe Augen und oft eine weniger auffällige gelbe Wachshaut. Insgesamt wirkt das Gesicht weniger kontrastreich, eher einheitlich grau. Die Oberseite erscheint häufig weniger rein grau, aber die individuelle Variation ist ziemlich groß, so dass die Geschlechter mitunter auch gleich aussehen können. Die dunkel schiefergrauen oder grauen Federn des Habichts werden durch Verschleiß brauner, daher sieht man manchmal Individuen mit bräunlichem Rücken. Besonders die Bürzelregion und der Hinterrücken des Männchens zeigen ein ansprechendes, neutrales Grau, das man erkennen kann, wenn der Vogel in hohem Tempo niedrig vorbeigleitet. Ein Männchen im ersten Erwachsenengefieder, also im zweiten Winter, hat meist dieselbe Augenfarbe wie das Weibchen und ist unterseits gröber gebändert. Oft verbleiben eine oder mehrere juvenile Federn, die durch ihre braunere Färbung auffallen. Bei vielen dieser »Zweijährigen« setzt sich die Brustbänderung aus flachen V-Mustern zusammen.

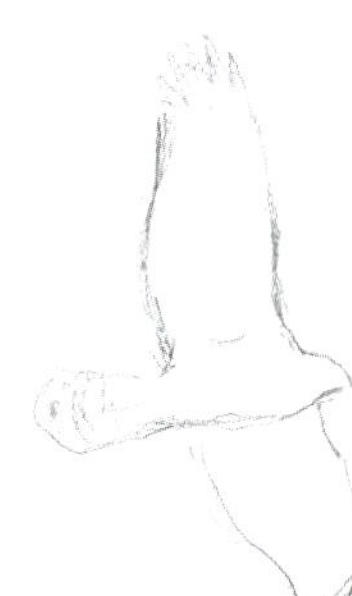

Bei flüchtiger Begegnung können Sperber und Habicht im Flug durch die ähnliche Zeichnung und Flügelform leicht verwechselt werden, vor allem Habichtmännchen und Sperberweibchen. Da der Habicht jedoch schwerer ist als der Sperber, erscheint sein Flug gleichmäßiger. Die Flugweise wirkt zielgerichteter, während der Sperberflug eher unstet und mehr flatternd erscheint. Der Habicht hat außerdem einen deutlich abgerundeten Schwanz mit breiterer heller Endbinde.

Jungvögel sind oberseits braun und oft kräftig hellbeige oder braunbeige gemustert. Sie variieren stark, manche östliche Vögel weisen auf der Ober-

Jungvogel

junges Männchen

seite eine viel hellere und gröbere Musterung auf. Der Habicht ist aber stets an Brust und Bauch gebändert, nur ab und zu kann man quer verlaufende Flecken auf den Flankenfedern entdecken. Das Auge sitzt bei ihm weiter hinten am Kopf und in einem relativ hellen Bereich mit feiner Strichelung. Dies verleiht ihm einen ganz anderen Gesichtsausdruck im Vergleich zum jungen Sperber, dessen Gesicht dunkel eingefasst ist. Die Kehlmitte ist bei jungen Habichten längs gestreift, wodurch sie von vorne dunkler erscheint. Die Großen Armdecken in der Mitte des zusammengelegten Flügels sind an der Basis fast durchgehend hell und bilden ein helles Fleckenband, das die hellste Partie auf Flügeln und Rücken ausmacht.

Jäger des Waldes

Habicht und Sperber sind in vielerlei Hinsicht die ultimativen Greifvögel in Waldgebieten. Mit ihren recht kurzen, breiten Flügeln und dem langen Schwanz können sie in hohem Tempo in geschlossenen Lebensräumen jagen. Dabei manövriert der Habicht bei der Verfolgung eines Eichhörnchens oder Eichelhähers sehr rasant selbst zwischen eng stehenden Ästen. Aufgrund seiner Größe kann der Habicht größere Beutetiere schlagen als der Sperber, etwa Birk- und Auerhühner, Ringeltauben und Eichelhäher. Der Sperber hingegen ist der typische Kleinvogeljäger. Zudem kann der Habicht mit seinen kräftigen Beinen geschickt auf dem Boden laufen, um ein Beutetier unter einem Busch zu verfolgen. Das habe ich selbst ein paar Mal erlebt, nachdem ich gebeten wurde, einen Habicht aus einem Hühnerstall zu befreien – er kann geradezu pfeilschnell davonschießen.

Obwohl er ein ausgesprochener Waldvogel ist, jagt der Habicht dennoch häufig in offenen Lebensräumen und über Feuchtgebieten. Er schlägt sogar Enten auf der offenen Wasserfläche. Einmal beobachtete ich, wie ein Habichtmännchen eine Eisente schlug. Die Ente wehrte sich so stark, dass sich der Habicht mehrere Minuten mit ausgebreiteten Flügeln auf dem Wasser erholen musste, bevor er mit seiner Beute wegfliegen konnte. Durch den deutlichen Größenunterschied der Geschlechter kann das Habichtpaar ein breiteres Angebot an Beutetieren nutzen. Allerdings schlagen Sperberweibchen und Habichtmännchen Beute ähnlicher Größe.

adultes Männchen

MÄUSEBUSSARD

Buteo buteo

DER MÄUSEBUSSARD ist einer unserer häufigsten Greifvögel. In Schweden gibt es etwa 30 000 Brutpaare, vor allem in Süd- und Mittelschweden. Die Bussarde benötigen für die Brut ältere Wälder oder zumindest hochstämmige Feldgehölze, ihre Nahrung suchen sie jedoch meist auf offenen Feldern, Äckern oder Kahlschlägen. Im Unterschied zu Sperber und Habicht meidet der Mäusebussard größere Siedlungen. Zum Beutespektrum gehören Kleinsäuger, meist Nagetiere und Spitzmäuse, aber auch Frösche, Schlangen, Regenwürmer und Insekten. Außerhalb der Brutzeit sieht man die Bussarde oft in der Kulturlandschaft auf Zaunpfosten oder Telefonmasten ansitzen. Beutetiere finden sie vor allem an Wegrändern, selbst direkt an größeren Landstraßen, aber auch an Graben- oder Teichrändern. In Nordschweden und großen Teilen Mittelschwedens ist der Mäusebussard Zugvogel, der im Winter ins westliche Europa bis nach Frankreich zieht. Viele südschwedische Vögel sind dagegen Nichtzieher, zu ihnen gesellen sich im Winter Jungvögel aus nördlichen Brutgebieten.

Eulenartige Silhouette

Ein insgesamt brauner Greifvogel am Straßenrand, dessen Silhouette durch den breiten, rundlichen Kopf an eine Eule erinnert, ist fast immer ein Mäusebussard. Die breiten, abgerundeten Schwingen weisen im Flug einen hellen Streif über den basalen Teilen der Hand- und Armschwingen auf, die beim Überfliegen von Schnee oft weißlich leuchten.

Die Altvögel sind leicht an ihren dunklen Augen zu erkennen. Das dunkle Kaffeebraun wirkt aus der Ferne schwarz und setzt sich gut vom Grau des Lidrings und Zügels ab. Die Jungvögel haben anfangs eine auffallend helle Iris, die im Winter zwar etwas nachdunkelt, aber im ganzen ersten Jahr so hell bleibt, dass die schwarze Pupille auffällt.

In Färbung und Musterung sind Mäusebussarde sehr variabel. Es gibt auch überwiegend helle, weißliche oder beigegelbe Vögel mit teilweise schwarzer Zeichnung. Die häufigste Variante ist jedoch dunkelbraun mit einem helleren Brustband und weißem Steiß mit dunkler Fleckung. Männchen sind im Allgemeinen dunkler und einheitlicher dunkelbraun als Weibchen. Kehle, Brustmitte und Bauch sind oft heller. Typischerweise mausern ältere Vögel nicht alle Flügeldecken oder Schulterfedern gleichzeitig, so dass die unregelmäßig verteilten älteren, etwas ausgeblichenen Federn oder Federspitzen aus dem Dunkelbraun hervorstechen. Während des ersten Winters sind Jungvögel unterseits generell eher längs gestreift und weisen oft heller gemusterte Mittlere Armdecken und Schulterfedern auf. Der Rücken ist regelmäßiger gezeichnet.

Futter für den Mäusebussard

Möchten Sie Mäusebussarde anlocken, sollte sich der Futterplatz am besten an einer exponierten Stelle etwas abseits vom Wohnhaus befinden. Dort bieten Sie artgerechtes Futter an, etwa Schlachtabfälle, Fleisch, Speckschwarten und Fallwild. Ich habe wie einige Nachbarn ein halbes Schwein gekauft, dessen weniger begehrte Teile zu lange in der Gefriertruhe lagen. Dort landen auch regelmäßig Hasen und Kaninchen – Verkehrsopfer, mit denen ich geeignete »Modelle« in meine Nähe locke (ist in Deutschland verboten). Mehrfach habe ich Besuch von Mäusebussarden erhalten, sie gingen sogar an größere, an Zweigen oder am Baumstamm befestigte Talgbrocken oder Speckschwarten – besonders bei Kälte und Schnee. Zuerst erscheinen vor allem Krähen und Elstern am Futterplatz. Doch es dauert meist nicht allzu lange, bis sich der erste Bussard einstellt.

Regelmäßig interessieren sich Mäusebussarde beim Erkunden der Gegend für die Futterstelle, auch wenn dort nur Körner und Meisenknödel angeboten werden. Erst wenn sie geprüft haben, ob die Luft rein ist, fliegen sie zum Futterplatz. Vermutlich werden sie zunächst von den Waldmäusen angelockt, mitunter auch von einer Wanderratte, die sich dort bedienen. Ein bestimmter Bussard schien jedoch darauf zu warten, dass ein Sperber die Kleinvögel an der Fütterung attackierte. Mehrmals flog ein Mäuse-

Jungvogel

bussard vom Boden auf, wenn ich zum Fenster ging und Kleinvögel flüchten hörte. Dies war auch stets der Fall, wenn ein Vogel gegen mein Fenster prallte. Ob der Bussard gezielt einen Vogel aufgescheucht hatte oder ob er bewusst die Attacken des Sperbers für seine Jagd ausnutzte, konnte ich nie mit Sicherheit sagen. Bei mehreren Vorfällen tauchte er jedoch gerade dann wie zufällig auf, wenn auch der Sperber auf der Bildfläche erschien. Im Lauf der Zeit ist zwischen dem Bussard und mir eine Art Beziehung entstanden. Erschien ich am Fenster, musterte er mich kurz und flog weg, war aber gleich darauf wieder zur Stelle.

STRASSENTAUBE

Columba livia f. domestica

DIE STRASSENTAUBE ist für Vogelbeobachter eigentlich kaum interessant. Das geht auch mir so. Wenn ich zu dieser Art etwas erzählen soll, denke ich sofort an ihre wilde Schwester, die Felsentaube *(Columba livia)*. Sie ist die Vorfahrin aller heutigen Straßen- und Brieftauben – ein echter Wildvogel also und somit eine Art, die Vogelbeobachter gern näher kennenlernen möchten. Die Straßentaube kommt dagegen in meinen Skizzenbüchern nicht vor. Ich kann mich auch nur an eine einzige Feldstudie erinnern, die ich vor langer Zeit auf dem Berg Stenshuvud an der Küste Schonens angefertigt hatte. Dabei handelte es sich um eine braun melierte »Brieftaube«, die ein paar Meter vor mir gelandet war. Sie blieb eine Zeit lang sitzen und sah mich unverwandt an, als wollte sie mir etwas Wichtiges mitteilen. Ich wollte eigentlich singende Brachpieper und Karmingimpel beobachten, doch die ruhig blickende Taube fesselte mich. Sie hatte offensichtlich nicht mehr zu ihrem Schlag zurückgefunden, worauf ihr Fußring schließen ließ, und schien nun ihr Schicksal in meine Hände legen zu wollen. Letztlich entstand dabei eine Bleistiftskizze, doch ich erinnere mich noch gut an meine Verwunderung, dass diese Taube ausgerechnet meine Nähe aufgesucht hatte.

Dieses Erlebnis liegt nun über dreißig Jahre zurück. Die meisten von uns sehen sicher jeden Tag Tauben auf der Straße, auf einem belebten Platz oder auf einem Bauernhof auf dem Land, ohne sie zu beachten. Vielleicht waren wir schon einmal erstaunt oder beunruhigt wegen ihrer großen Anzahl auf dem Trafalgar Square in London oder auf dem Markusplatz in Venedig. Oft schon wurde Negatives über Straßentauben berichtet, etwa bei einem Salmonellenausbruch oder als vor zehn Jahren die Angst vor der Vogelgrippe umging. In diesem Zusammenhang konnte man in den Zeitungen häufig von »fliegenden Ratten« lesen.

Straßentaube, Stockholmer Altstadt,
Jungvogel 1es KJ, mausernd

Ästhetik der Straßentauben

Von meinem Küchenfenster aus sehe ich auf den Giebel eines Schuppens, in dem wir Fahrräder, Brennholz und allerlei Geräte und ausgediente Gegenstände aufbewahren. Türen und Fensterscheiben sind undicht oder fehlen. Im Obergeschoss ist schon vor Jahren der Fensterrahmen herausgebrochen. Seitdem brüten dort Rauchschwalben und seit Kurzem auch Tauben. Wenn Letztere im Fensterrahmen stehen, denke ich leider zuerst an ihre Hinterlassenschaften. Die stetig wachsende Menge an Taubenkot verhindert, dass ich mir Gedanken über die Schönheit dieser Vogelart mache. Straßentauben haben nichts gemein mit der weißen Taube, die im Christentum den Heiligen Geist symbolisiert. In Lukas 3:22 steht geschrieben, dass der Heilige Geist Gottes in Gestalt einer Taube vom Himmel geflogen kam und über dem Jordan schwebte, als Jesus getauft wurde. Im Alten Testament ist die Taube mit einem Olivenzweig im Schnabel das Zeichen für Noah, dass Gott mit den Menschen Frieden geschlossen hatte.

All diese Tauben sind eigentlich domestizierte Felsentauben, die seit Jahrtausenden in unzähligen Variationen gezüchtet werden.

Wenn ich jetzt mein Verhältnis zu Straßentauben überdenke, bekomme ich fast ein schlechtes Gewissen. Sie sind trotz allem lebende Vögel und Teil des Ökosystems, zu dem auch wir gehören. Kulturgeschichtlich betrachtet, ist die Felsentaube mit allen Zuchtformen vielleicht sogar die interessanteste Vogelart überhaupt. Sie leben wie Hühner und Enten schon seit langer Zeit in der Nähe des Menschen. Über die Domestikation ist wenig bekannt. Vermutlich begann sie mit dem Aufkommen von Viehzucht und Ackerbau in Mesopotamien vor zehn- bis zwölftausend Jahren. Vielleicht haben die Menschen schon mit Tauben unter einem Dach gewohnt, als sie aus Afrika ausgewandert sind. Möglicherweise fingen sie schon Felsentauben in Fallen oder nahmen Eier und Jungvögel aus den Nestern. Es könnte auch sein, dass die Menschen bereits vor 50 000 Jahren diese Vögel als Lebendvorrat nutzten. Und als sie feststellten, dass aus Käfigen entkommene Tauben gezielt zurück zu ihrem Brutfelsen flogen, nutzten sie diese Heimfinde-Fähigkeit der Vögel, um damit eine Nachricht zu übermitteln. Bereits im viertausend Jahre alten Gilgamesch-Epos steht, dass die Menschen von Schiffen aus Tauben aussandten, um zu erfahren, wo sich das nächste Festland befindet. Das Epos zeigt Parallelen zur biblischen Geschichte.

Brieftauben

Felsentauben sind generell sehr ortstreu, deshalb ließen sie sich recht leicht zu Brieftauben ausbilden. Felsentauben entfernen sich bei der Nahrungssuche oft weit von ihren Brutfelsen und kehren abends immer wieder dorthin zurück. Diese Fähigkeit hat der Mensch im Lauf von Jahrtausenden durch gezielte Züchtung weiterentwickelt. Tauben orientieren sich wie

auch andere Vögel mit Hilfe mehrerer Methoden: Sie können sowohl polarisiertes Licht auf ihrer Netzhaut erkennen als auch das Erdmagnetfeld durch Sensoren im Innenohr wahrnehmen. In der Nähe des Taubenschlags oder des Brutfelsens navigieren sie mittels ihres Gesichtssinns – daher ist es wichtig, dass der Taubenschlag gut sichtbar aufgestellt wird.

Im Mittelalter gab es ein ausgeklügeltes Netz von Taubenschlägen, zu denen die Taubenkäfige auf Tragtieren transportiert wurden. Auf den flachen Dächern der turmartigen Gestelle konnten die Vögel landen. In diesen Schlägen wurden Tauben unterschiedlicher Herkunftsorte gehalten. Musste ein Brief in einer versiegelten, oft vergoldeten Kapsel zu einem bestimmten Ort befördert werden, schickte man die Tauben los, die von dort stammten. Zur Blütezeit der Brieftaubenkultur tätowierte man den Tauben die Heimatadresse auf die weiße Wachshaut an der Schnabelbasis, um sicherzustellen, dass die Post auch richtig ankam.

Der ägyptische Historiker Al-Maqrizi (1364–1442) berichtete, dass für das Kairoer »Postamt« im Jahr 1288 zweitausend Brieftauben arbeiteten. Um die großen Machtzentren postalisch miteinander zu verknüpfen, wurden besonders schnelle Tauben für den »Fernverkehr« gezüchtet. Die Taubenwetten, in der sogenannte »homers« miteinander um Schnelligkeit wetteifern, stammen allerdings aus jüngerer Zeit. Dieser Sport entwickelte sich zu Beginn des 19. Jahrhunderts in Belgien und England. Die Wetttauben gleichen meist gewöhnlichen Straßentauben, haben aber einen hellen verdickten Lidring. Ähnlich wie im Pferdesport sind die erfolgreichsten Wetttauben sehr wertvoll und können in seltenen Fällen einige Millionen Kronen (etwa einige Hunderttausend Euro) kosten.

In der Kunstgeschichte sind Tauben wahrscheinlich die am häufigsten abgebildeten Vögel. Das Bild der sanften Friedenstaube täuscht jedoch stark. Die Vögel können mit erheblicher Aggression und ohne Hemmung aufeinander losgehen, manchmal enden Attacken sogar tödlich. Tauben sind bei ihren Revierstreitigkeiten kaum friedlicher als andere Vögel.

Lebensraum der Straßentauben

Die Topografie einer Stadt mit Hochhäusern und Straßenschluchten sowie gepflasterten Plätzen entspricht in etwa dem felsigen, halbwüstenartigen Gelände, in dem die Felsentaube hauptsächlich zu Hause ist. Geeignete

Männchen

Lebensräume gibt es entlang der europäischen Atlantikküste und an den Küsten der Färöer-Inseln, wo ich als 15-Jähriger zum ersten Mal Felsentauben sah. Bis weit ins 19. Jahrhundert hinein gab es auch in Südwestnorwegen bei Stavanger eine Population mit Zentrum auf der Insel Rennesøy.

Wenn ich Straßentauben beobachte, wecken immer die wildfarbenen Vögel meine ornithologische Neugier. Solange ich mich erinnern kann, brütet an der Südspitze von Gotland, im Klippengebiet Hoburgen, eine kleine Kolonie dieser wildfarbenen Tauben im naturnahen Lebensraum. Sie gaben den Ausschlag, dass ich mich für das Aussehen dieser Tauben interessierte.

Bei den Männchen dieser Kolonie ist fast der ganze Hals von schillernden Federn bedeckt. Bei schwachem Licht oder im Schatten wirkt der Hals einfach nur dunkel. Ist aber das Halsgefieder gesträubt oder kommt das Licht aus einem anderen Winkel, dann können die Federn purpurn und smaragdgrün glänzen. Die Weibchen sind etwas kleiner als die Männchen, ihr Halsgefieder ist weniger spektakulär gefärbt.

Im Vergleich zur Hohltaube ist die Haut oberhalb der Nasenöffnungen gänzlich weiß und dicker, der Schnabel ist etwas kompakter oder stärker. Nicht selten trennt eine weiße Linie den Unterschnabel von der Befiederung. Um die gelbliche oder orangefarbene Iris befindet sich häufig ein dunkelroter Ring. Bei Weibchen ist die Iris oft weniger intensiv gefärbt, bei Jungvögeln ist sie meist dunkler. Einige Felsentauben-Populationen, die ich im südlichen Oman studierte, haben anscheinend eine ganz dunkle Iris.

Auf Gotland suchen im Frühjahr auf einem neu angesäten Feld mitunter Straßen-, Ringel- und Hohltauben gemeinsam Futter. Sie laufen nach Taubenart mit etwas ruckartigen, nickenden Kopfbewegungen und picken die Samen auf. Die Straßentaube ist etwas kleiner als die Ringeltaube, aber merklich größer als die Hohltaube. Die wildfarbene Variante ist im Vergleich zu den beiden anderen Arten auf dem Rücken deutlich heller grau gefärbt, der dunkel blaugraue Kopf setzt sich dazu kontrastreich ab. Die beiden breiten schwarzen Flügelbinden fallen bei der Straßentaube sofort ins Auge, dagegen sind sie bei der Hohltaube meist nur angedeutet.

Tamduva
14.6.15
kväll

RINGELTAUBE

Columba palumbus

DIE RINGELTAUBE ist die größte der drei grauen Tauben. Sie wirkt recht schwer, ihr Rumpf ist lang gestreckt und der Schwanz ziemlich lang. Altvögel erkennt man leicht am weißen Ring oder Fleck an den Halsseiten, der zum Teil von grün glänzenden Federn umgeben ist. Die Federstruktur des Halsflecks erinnert an Reihen von dicht genähten Pailletten. Auch die leuchtend helle Iris macht das Gesicht unverwechselbar. Die dunkle Pupille liegt nicht in der Mitte, sondern ist schräg nach vorne und unten verlängert. Dadurch hat man den Eindruck, als ob die Taube schielt. Jungen Ringeltauben fehlt die auffällige Halszeichnung, am Boden könnte man sie deshalb mit den beiden anderen grauen Tauben verwechseln. Allerdings ist bereits im Jugendgefieder die Struktur des Halsmusters angedeutet. Das Auge kann bei Jungvögeln anfangs sehr dunkel aussehen, fast grau.

Im Flug erkennt man Ringeltauben sofort an dem großen weißen Feld, das sich über die äußeren Flügeldecken zieht. Steht die Taube am Boden, ist diese Zeichnung in der Regel wenig markant, manchmal bildet sie einen hellen, nicht sehr auffälligen Rand an der Flügelunterkante. Ringeltauben brüten oft recht spät. Dann kann es vorkommen, dass an einer Fütterung noch ein »Nachzügler« erscheint, wenn schon der erste Schnee gefallen ist. Diese Vögel haben ihren Halsfleck noch nicht fertig gemausert und können Beobachter, die adulte Ringeltauben gesehen haben, verwirren.

Im direkten Vergleich mit der Hohltaube ist die Ringeltaube stets größer. Die Rückenfärbung geht mehr ins Braune, während der Kopf rein blaugrau gefärbt ist. Das intensivere Braunrosa der Brust erstreckt sich weiter bis zum Bauch. Die Ringeltaube erscheint daher eher dreifarbig, wohingegen die Hohltaube als einfarbig wahrgenommen wird – abgesehen vom glänzenden Halsfleck. Der Bürzelbereich ist wie bei der Hohltaube etwas bläulicher getönt als die übrige Oberseite.

Scheue Waldtaube

Die Ringeltaube ist in Schweden als Brutvogel weit verbreitet, kommt jedoch seltener im Zentrum Norrlands vor und fehlt ganz in den Fjällgebieten. Während der letzten Jahrzehnte besiedelten die Tauben verstärkt Parks und Gärten. Im Norden des Landes waren die Ringeltauben noch Mitte des 19. Jahrhunderts ziemlich scheue Waldvögel, auch wenn sie wie andere Tauben ihre Nahrung auf offenen Feldern und Wiesen suchten. In »Fridolins Visor« schrieb Erik Axel Karlfeldt 1898: »Es lockt dich die Taube ins Dunkel, wo sie ihr Klagelied singt.« Damit hat er wahrscheinlich die Ringeltaube gemeint, deren rhythmisch pochendes Gurren aus dem Waldesdunkel dringt.

Im Jahr 1849 schrieb Magnus von Wright in »Finlands Foglar«, dass Ringeltauben vorwiegend in Nadelwäldern (vor allem mit Fichte) leben, die an Ackerflächen grenzen. Dort erscheinen sie zu bestimmten Tageszeiten. Auch wären sie ziemlich scheu. Seit Schweden der EU beigetreten ist, haben die Ringeltauben ihre Lebensgewohnheiten an die ihrer Artgenossen auf dem Kontinent angepasst.

In ganz Schweden leben schätzungsweise eine Million Brutpaare, diese Zahl hat sich in den letzten Jahrzehnten stetig vermehrt. Außerhalb Schwedens werden diese Tauben in großem Stil bejagt.

Die Ringeltaube ist überwiegend Zugvogel und überwintert wie die Hohltaube in Frankreich und Spanien. Manche verbringen die kalte Jahreszeit auch in Südschweden. Ihre Zahl schwankt jedes Jahr in Abhängigkeit vom Angebot an Bucheckern. Die meisten Vögel ziehen normalerweise in den ersten beiden Oktoberwochen. Wegen ihrer langen Brutperiode nisten Ringeltauben häufig noch recht spät im Jahr, so dass sie im September noch Junge füttern.

Die Nahrung der Ringeltauben besteht hauptsächlich aus Pflanzenmaterial wie Samen, Nüssen und grünen Blättern. Insekten und andere Kleintiere erbeuten die Vögel nur selten. Alle Tauben haben ihre besonderen Gewohnheiten: Ringeltauben gehen gern in der Abenddämmerung auf Nahrungssuche, daher sieht man sie an Fütterungen nur selten tagsüber. Hin und wieder besuchen Einzelvögel oder kleine Trupps am Spätnachmittag die Futterstelle. Einen Großteil des Tages ruhen die Tauben in einem Baum. Ab Spätwinter, im Frühjahr sowie während der Brutsaison sind sie damit beschäftigt, in typischer Taubenmanier zu balzen. Ringeltauben rufen mit dumpfer, heiserer Stimme ein sechssilbiges, etwas träge gereihtes »Hu huu hu huhu hu«. Dieser Reviergesang ähnelt Eulenrufen.

junge Hohltaube, beginnende Mauser, früher Winter

junge Ringeltaube mit zum Teil neuen Federn, späte Brut

Das Taubenblau

Die Hohltaube wird in Schweden oft »Blautaube« genannt, weil die Vögel blauer wahrgenommen werden als beispielsweise die Ringeltaube. Noch heller ist die Straßentaube. Der Rücken der Ringeltaube ist generell stärker braungrau. Dagegen variiert die Färbung der Straßentaube stark. Allerdings ist die wildfarbene Form der Straßentauben von den drei grauen Tauben am hellsten und am neutralsten grau gefärbt. Bei einer am Boden stehenden Hohltaube fällt vor allem der ansprechend blaugraue Bürzelbereich auf. Wegen der schönen Grauschattierungen der Tauben fragte ich mich, was eigentlich »taubenblau« bedeutet. Das Wort klingt gut, gleichzeitig verwirrt es. Wie man eine bestimmte Farbe empfindet und wie man sie umschreibt, ist in gewisser Weise immer subjektiv. Unsere Farbwahrnehmung kann sich aber auch im Lauf der Zeit verändern.

Gerade die Bezeichnungen für die unterschiedlichen Grautöne wie Stahlgrau, Rauchgrau, Warmgrau oder Aschgrau lassen viele Assoziationen zu. Allerdings verbindet man mit den Materialien, etwa Asche oder Stahl, auch bestimmte Eigenschaften der entsprechend gefärbten Oberfläche. Ich meine, dass das Taubengefieder über einige Eigenschaften verfügt, die wir als besonders ansprechend wahrnehmen. Ich konnte an einer toten Hohltaube die unterschiedlichen Farbtöne mit einer NCS-Skala (Natural Colour System) vergleichen. Die fein aufeinander abgestimmten Grautöne gehen allmählich ineinander über, die Federoberfläche wirkt glatt und wie Samt. Unsere Netzhaut reagiert auf Farbabstufungen empfindlich, und blaue und rote Nuancen im Grau scheinen sich im Gehirn zu verstärken. Ein neutraler Grauton wirkt kühl, wenn man ihn mit einem warmen oder rötlichen Grau vergleicht – als hätte er blaue Elemente in sich. Die meisten Flechten und Steine sind warmgrau, Asche von Birkenholz aus meinem Kachelofen erscheint mir eher rötlich als bläulich grau, wenn ich sie mit verschiedenen Farbproben vergleiche.

Im Farbenhandel gibt es Farbskalen, etwa die bereits erwähnte NCS-Skala. Dabei wird der Helligkeitsgrad und die Farbsättigung in Zahlen wiedergegeben. Basis sind die Grundfarben Gelb = Y, Rot = R, Blau = B und Grün = G, außerdem Schwarz und Weiß. Ordnet man die vier Grundfarben in ihrer Reinform kreisförmig nach den vier Himmelsrichtungen an, kann man einen Mischton wählen, beispielsweise Lila. Eine Mischung aus 50 Prozent Rot und 50 Prozent Blau wird als 50 R + 50 B angegeben oder, vereinfacht, als R50B. Rot kommt vor Blau, da der Farbkreis im Uhrzeigersinn gelesen wird – von Gelb im Norden, Rot im Osten bis Blau im Süden. Nachdem die Summe stets 100 Prozent ergeben muss, reicht die Angabe aus, welche Menge der Farbe in der Mischung enthalten ist. Wenn wir jetzt eine Farbe suchen, die in Richtung Blau tendiert, das heißt, die 80 Prozent Blau hat, schreibt man R80B. Wir denken uns ein Dreieck mit dem klaren Farbton an der Spitze und der Helligkeitsskala von Weiß bis Schwarz an der Basis. Ein mittelgrauer neutraler Ton liegt genau in der Mitte von Schwarz und Weiß, hat also 50 Prozent Schwarz und 50 Prozent Weiß. Wenn wir 5 Prozent vom Weiß wegnehmen und durch unseren rötlichen Blauton ersetzen, dann besteht der entstandene Farbton aus 50 Prozent Schwarz, 5 Prozent Farbe und 45 Prozent Weiß, also 50+05+45, oder einfacher: 5005. Um die Farbnuance zu verdeutlichen, ergänzt man R50B und erhält somit S5005-R50B, wobei S bedeutet, dass es sich um eine der Standardfarben auf der NCS-Skala handelt. Ein neutraler dunkelgrauer Ton kann S7000-N sein. Das N steht für neutral, das heißt, es liegt kein Farbwert vor.

Wenn ich die Farbabstufungen bei einer Hohltaube bestimmen möchte, indem ich sie mit einer NCS-Skala vergleiche, haben die heller grauen Partien, zum Beispiel im Bereich des Bürzels oder auf den äußeren Flügeldecken, fast den Wert S5005-R80B. Die dunkleren und vergleichsweise brauneren oder neutraler getönten Schulterfedern liegen erstaunlicherweise nahe einem rein neutralen Ton mit 70 Prozent Schwarz, also S7000-N. Es gibt keine Standardfarbe auf der NCS-Skala, die sowohl Rot als auch Blau enthält und bei weniger als fünf Prozent im Farbton liegt. In Abhängigkeit von Licht und Vergleichsmethode können diese Werte im Helligkeitsgrad leicht um ein Zehntel steigen. Ich habe jedoch für mich entschieden, dass Taubenblau oder Taubengrau S5005-R80B entspricht. Die Farbe kommt dem Bürzelbereich einer gotländischen Hohltaube gleich, die in der Gemeinde Hamra auf Südgotland im Jahr 2012 überfahren worden war.

Das Mohnblau des Herrn von Wright

Magnus von Wright verwendete »Mohnblau« für den »schönen blaugrauen« Ton, den er sowohl der Hohltaube als auch der Ringeltaube zuschrieb. Ich suchte lange nach einer Mohnart mit dieser Färbung, bis ich erkannte, dass er die kleinen blaugrauen Mohnsamen meinte, die wir von den

Farbstudien der Hohltaube

Mohnbrötchen kennen. Dieser Vergleich ist wohl kein Zufall, denn Mitte des 19. Jahrhunderts wurden Opiate häufig in der europäischen Medizin eingesetzt. Auch die Samen des Schlafmohns *(Papaver somniferum)* wurden regelmäßig in Brot verbacken. Die getrockneten Samen haben jedoch eine viel geringere Wirkung als der Milchsaft von unreifen Samenkapseln. Wenn ich Ringel- und Hohltauben nebeneinander beobachten kann, fällt auf, dass der Kopf der Ringeltaube etwas heller gefärbt ist und weniger Rotanteile enthält. Aber vielleicht täuscht dieser Eindruck, da die Oberseite der Ringeltaube mehr braungrau ist oder die Brust einen intensiveren Purpurton aufweist. Vielleicht spielt mir auch das gelbe Auge einen Streich. Außerdem gibt es Grautöne, die nur mit Farbtönen gemischt sind. Die absolute Wahrheit wird es deshalb wohl kaum auf einer Farbskala geben. Außerdem ändert sich ja auch die Temperatur des natürlichen Lichts. Nicht zu vergessen, dass das Fernrohr beschichtet ist, wodurch ein Teil des Lichts gefiltert wird. Daher werde ich mich nicht wehren, wenn die Bezeichnung »taubengrau« auf die mittelgrauen Nuancen vieler Tauben angewendet wird. Allerdings sollten wir die Türkentaube bei dieser schwierigen Columba-Grau-Erörterung außer Acht lassen.

Grün und Purpur

Vielleicht fragen Sie sich, warum ich mich gerade für diese graue Färbung interessiere, wo doch die Tauben eher durch ihre schimmernde Farbenpracht am Hals auffallen. Wenn die Hohltaube beim Gurren ihren Hals aufbläht, wird dieser akustische Eindruck durch ein Farbenspiel in Grün- und Purpurtönen unterstrichen. Die Farbe der Halsfedern kommt durch unterschiedliche Keratinstrukturen in der Fahne zustande, wobei das Grün lediglich durch Reflexion entsteht, wenn man die Federn von vorne sieht. Betrachtet man sie von schräg seitlich, kommt die darunterliegende purpurn reflektierende Schicht zur Geltung. Das Changieren von leuchtendem Grün über ein dunkles Blau, der Mischfarbe von Grün und Purpur, nach Purpur ist zauberhaft. Es gibt auch die umgekehrte Variante, dass der Purpurton oben liegt und Grün nur von schräg zu sehen ist. Aus der Nähe betrachtet, sind die Federfahnen dick und liegen wie Haare nebeneinander. Ich denke, dass das Farbwechselspiel und der schöne Glanz der Halsfedern der grauen Färbung die aparte Schönheit verleihen.

HOHLTAUBE

Columba oenas

DIE HOHLTAUBE ist bei Vogelfreunden sehr beliebt. Wahrscheinlich ist sie für die meisten von uns die interessanteste der drei *Columba*-Arten. Das mag daran liegen, dass sie oft in alten Schwarzspechthöhlen nistet, in denen auch Raufußkäuze brüten, oder weil sie sich weniger gut beobachten lässt. Vielleicht wirkt auch ihr Gesichtsausdruck freundlicher. Außerdem ist sie etwas seltener als die Ringeltaube.

Im Vergleich zur Ringeltaube ist die Hohltaube kleiner, kurzschwänziger und kompakter. Sie sieht meist einfarbig mattgrau oder blaugrau aus und hat ein unauffälliges dunkles Band über die inneren Großen Flügeldecken und einige dunkle Flecken auf den inneren Armschwingen, den Schirmfedern. Die Augen der Hohltaube sind stets dunkel und lassen den Gesichtsausdruck sanft erscheinen. Vögel mit »schwarzen« Augen wie die Hohltaube haben oft eine dunkelbraune Iris, was draußen als schwarz empfunden wird. Der grün und purpurn schillernde Halsfleck ist im Vergleich zu dem der Straßentaube schärfer abgesetzt. Brust und Vorderhals sind matt rotlila und grau überflogen, die Füße himbeerrot. Die Schnabelbasis ist matt purpurfarben, der übrige Schnabel hell gelbrosa. Die Schwellungen oberhalb der Nasenöffnungen erscheinen mal mehr, mal weniger leuchtend weiß und sind wahrscheinlich im Frühjahr und bei den Männchen markanter. Das Jugendgefieder wirkt eher »schmutzig« und auffallend nichtssagend, mitunter fehlt die schwarze Flügelzeichnung, oder sie ist deutlich kleiner, besonders die beiden hinteren Flecken auf den Schirmfedern. Jungvögel haben einen fleischfarbenen Schnabel mit dunklerer Spitze. Im Flug zeigt die Hohltaube keinerlei weiße Merkmale wie die Ringeltaube. Auf den Flügeln erkennt man jedoch ein heller graues Feld, was etwas verwundert, denn am Boden erscheint die Taube einheitlich grau. Dieses Merkmal ist bei Altvögeln am deutlichsten ausgeprägt

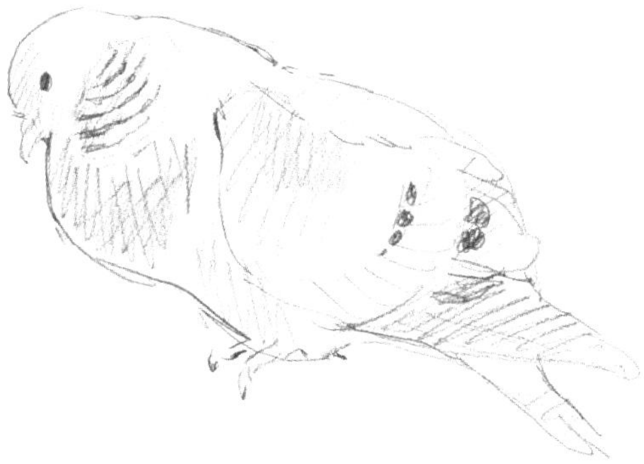

Vereinzelte Überwinterer

Die Hohltaube ist eigentlich ein ausgeprägter Zugvogel und verlässt Schweden im September und Oktober mit Kurs auf Südwestfrankreich und Nordspanien. In Südschweden können jedoch einzelne Trupps in Gebieten mit gutem Nahrungsangebot ausharren, so im Bereich von Landgütern in Schonen, wo Fasanen gezüchtet werden. Mitunter trifft man auch weiter im Norden Überwinterer an, dennoch ist die Hohltaube in Mittelschweden im Dezember und Januar ausgesprochen selten. Als »Frühheimkehrer« erscheinen Hohltauben bereits Ende Januar wieder in Schonen. In Mittelschweden können die ersten Exemplare nach Tagen milder Südwestwinde Ende Februar auftauchen. Die meisten Hohltauben, die sich an Fütterungen einfinden, werden im Spätwinter registriert.

In dieser Zeit sehe ich manchmal einige von ihnen unter meinem Futterautomat. Während Ringeltauben im Frühjahr regelmäßig Fütterungen besuchen, sind Hohltauben dort deutlich seltener, obwohl sie auf Gotland brüten. Einzelne Jungvögel, die spät geschlüpft sind und sich deshalb noch in Schweden aufhalten, finden sich ebenfalls an den Futterstellen ein.

Die Hohltaube nistet meist in hohlen Bäumen. Sie ist zwar nicht enger an Waldgebiete gebunden als die Ringeltaube, benötigt aber für die Brut Höhlungen. Auf Gotland brütet sie oft in Steinhaufen oder Steinmauern, die im offenen Weideland liegen. Der Reviergesang besteht aus einem dumpfen, zweisilbigen »Ou-ro«, das die Männchen kürzer oder länger gereiht äußern. Dabei beugen sie sich nach vorne und scheinen die kurze Tonfolge herauszupressen, wobei sie den Hals wie einen Blasebalg aufblähen.

TÜRKENTAUBE

Streptopelia decaocto

DIE TÜRKENTAUBE gehört zu einer anderen Gattung als die grauen Tauben, nämlich zur Gattung *Streptopelia* – ebenso wie die vielleicht bekanntere Turteltaube *(Streptopelia turtur)*. Die Gruppe der *Streptopelia*-Tauben erkennt man an ihrer geringeren Größe und an der länglicheren und grazileren Körperform. Die Türkentaube ist Jahresvogel und die einzige ihrer Gattung, die im Winter Vogelfütterungen besucht. Ausgesprochen selten kommt die asiatische Orientturteltaube *(Streptopelia orientalis)* gebietsweise an Futterstellen.

Wie Gesichtspuder

Das Sand- oder Graubeige der Türkentaube könnte man auch als kakifarben bezeichnen. Gegen den Schnee erscheint die Färbung manchmal auch braungrau. Wie viele andere Tauben zeigt auch die Türkentaube eigenartig pastellfarbene Töne, die allmählich ineinander übergehen. Kopf und Hals wirken bei näherer Betrachtung altrosa, zur Brust hin in ein helles Grau übergehend. Auf den unteren Schwanzdecken dunkelt der Grauton in ein »Taubengrau« ab. Die Vögel haben einen aparten weißlichen Lidring und einen blaugrauen Schnabel. Die Großen Armdecken weisen zum Flügelrand hin einen leicht blaugrauen Ton auf, ebenso die Rückenmitte. Der Vogel kann insgesamt »beige« wirken, was mich durch die vielen warmen, weichen Töne an eine Palette von Gesichtspuder erinnert. Die einzige auffällige Gefiederzeichnung ist der schwärzliche Tuschestrich quer über die Halsseiten, der durch die schmale weiße Einfassung noch hervorgehoben wird. Wegen des Halsrings könnte man die Türkentaube für eine Ringeltaube halten. Die Iris ist tiefrot, erscheint draußen aber oft nur dunkel. Im

Flug, vor allem beim Abflug vom Boden, sieht man die auffällige Schwanzzeichnung – dunkelgrau an der Basis und bis auf die mittleren Steuerfedern hellgrau oder grauweiß auf der äußeren Hälfte. Die grauen Felder auf den Flügeldecken und auf dem Rücken setzen sich zum Teil erstaunlich deutlich von den dunkelbraunen Schwungfedern ab. Die Schwanzunterseite ist noch kontrastreicher. Das erkennt man, wenn der Vogel während des langsam gleitenden Balzflugs die Steuerfedern spreizt. Als vor einigen Jahrzehnten Türkentauben in meinem Garten brüteten, war fast stets die Fernsehantenne Ziel ihrer Ausdrucksflüge. Die Tauben wurden jedoch immer seltener, heute sehe ich sie nicht mehr auf Südgotland.

Die Türkentaube äußert als Reviergesang ein dreisilbiges »Hu-huu hu«, oft in langen, eintönigen Folgen wiederholt. Ich habe die Strophen häufig gehört, da sich die Antenne direkt oberhalb des Dachfensters zu unserem Schlafzimmer befand. Die Tauben begannen früh am Morgen mit ihren Balzgesängen und sangen unermütlich während der langen Brutperiode. Die Tonqualität des Reviergesangs erinnert etwas an die Ringeltaube, klingt aber weniger tief gurrend und ist deutlich dreisilbig. Türkentauben verraten sich auch durch ihren Ruf, ein heiseres, nasales »Ähhh«.

Der Name Türkentaube weist darauf hin, dass diese Vögel aus dem Nahen Osten im 20. Jahrhundert in Europa eingewandert sind. Grund der

*Kopffärbung ein Mix aus Rosa und Beige,
Pflaumen in Milch?
Das Auge wirkt dunkel, wie karmesinrot*

Ausbreitung über die Türkei und den Balkan war eine natürliche Klimaveränderung in der ersten Hälfte des 20. Jahrhunderts. Die Türkentaube erreichte Schweden in den 1950er-Jahren, während der 60er-Jahre tauchte sie erstmals in zahlreichen Siedlungen auf. Damals besiedelte sie zügig viele Dörfer und Städte und war in den 70er- und 80er-Jahren dort am häufigsten. In den letzten Jahren ist ihre Zahl jedoch deutlich zurückgegangen, es gibt aber immer noch Türkentauben in der südlichen Landeshälfte und lokal auch an der Küste Norrlands. Die Vögel brüten ausschließlich in Parks und Gärten.

Im Winter sammeln sich Türkentauben gern an Getreidespeichern, auf größeren Bauernhöfen und an anderen Plätzen mit gutem Futterangebot. Sie besuchen auch regelmäßig Vogelfütterungen in der Nähe. Ihre bevorzugte Nahrung besteht aus den verschiedensten Samen, Früchten und aus grünen Pflanzenteilen.

BUNTSPECHT

Dendrocopos major

IM WINTER beobachte ich oft vom Fenster aus die Stammgäste an meinem Futterplatz. Wenn dann plötzlich ein Buntspecht die Ruhe stört, werden die kleineren Samenfresser vorsichtig. Einige fliegen sogar in den nächsten Busch. Einem größeren Vogel an der Fütterung weichen kleinere stets aus. Man gewöhnt sich schnell an die täglich erscheinenden Kohlmeisen, Feldsperlinge und Grünfinken. Ein Buntspecht mit weißem Hemd, schwarzem Frack und roten Lackschuhen ist ein besonderes Ereignis. Wegen seines Gewichts und der spezialisierten Füße landet er nur selten direkt auf dem Meisenknödel oder Futterspender, sondern zunächst auf einem kräftigeren Ast oder Stamm in der Nähe, um die Lage zu erkunden. Ein an einem Nagel aufgespießtes Stück Speck oder ein Netz mit Talgbrocken am Baumstamm fliegt er sofort an. Gibt es nur Nüsse im Netz oder Talgknödel, zögert er. Dann hüpft er so nahe wie möglich heran, fliegt hin und klammert sich von unten daran. Rasch lernt er, die Netze mit Haselnüssen zu öffnen und die ganzen Nüsse herauszuholen. Damit fliegt er zu einem geeigneten Stamm oder größeren Ast und bearbeitet sie dort weiter.

Wenn der Buntspecht seinen Kopf zur Seite legt und zu überlegen scheint, wie er zum Futter gelangen könnte, sieht man erst einmal, wie schön er ist. In seinem oft ausdrucksvollen Gesicht fallen die dunkel rotbraune Iris, die ansprechend beigefarbene Stirn und der fast blaugraue Schnabel auf. Weibchen und Männchen sehen gleich aus, dem Weibchen fehlt nur der rote, rechteckige Nackenfleck. Der Steiß ist stets leuchtend karminrot. Manche Vögel haben eine kreideweiße Unterseite, oft sind Bauch und Brust aber auch ocker- oder beigefarben getönt. Ich bin überzeugt, dass diese Einfärbung von Harzen stammt, mit denen die Spechte bei der Bearbeitung von Stämmen oder in der Übernachtungshöhle in Berührung gekommen sind. Der Farbton variiert, manche Spechte zeigen eine kräftig eingefärbte Unterseite, andere Vögel haben eine »weiße Weste«.

Federwechsel

Wenn die Jungvögel aus der Bruthöhle kommen, haben sie einen ganz roten Scheitel, an Schultern und Flügeln wirken sie etwas unordentlich gemustert. Noch vor dem Winter mausern sie in ein Kleid, das schon fast dem der Altvögel entspricht, doch an bestimmten Merkmalen erkennt man noch den Jungvogel. Am einfachsten ist es, wenn man die innersten beziehungsweise die danebenliegenden Großen Armdecken sehen kann, die vom Jugendgefieder übrig geblieben sind. Sie sind schwarz-weiß gezeichnet, während sie bei den Altvögeln rein weiß sind. Unter dem hinteren Teil der langen weißen Schulterflecken unterbrechen zwei weiße Flecken die sonst schöne gerade Linie zu den schwarzen Flügeln hin. Ich weiß nicht, ob es immer zutrifft, aber wenn man dort einen Zacken sieht, dann handelt es sich um einen Vogel im ersten Winter.

Diese Zeichnung darf man nicht verwechseln mit der weißen Ausbuchtung, die oft von zwei oder drei der weißen innersten Mittleren Armdecken gebildet wird. Am besten lässt sich diese Zeichnung studieren, wenn der Vogel nach einer Talgmahlzeit am Stamm ruht.

Spechte zeigen einen sehr speziellen Mausermodus, der sich von dem der meisten anderen Vögel unterscheidet. Schon bevor die Jungvögel die Bruthöhle verlassen, beginnen sie mit der Mauser der innersten Handschwingen. In den folgenden drei Monaten ersetzen sie dann sukzessive eine Handschwinge nach der anderen. Die Armschwingen bleiben jedoch erhalten, ebenso die Handdecken und die inneren Großen Armdecken. Daher lässt sich mitunter sogar ein hellerer schwarzer oder ein braunschwarzer Ton auf diesen Federn erahnen. Dies ist bei ungünstigen Lichtverhältnissen oft schwer zu erkennen. Meist bekommt man jedoch draußen die zwei weißen »Zuckerstückchen« auf den zweitinnersten Großen Armdecken zu Gesicht.

An der Spechtschmiede

Der Buntspecht ist in Nordeuropa der häufigste Specht und ein regelmäßiger Gast am Futterhaus, sofern er dort Talg, Meisenknödel oder Nüsse vorfindet – selbst in offener Landschaft mit nur wenigen Bäumen im Garten.

junges Weibchen
adultes Männchen

Er brütet im Allgemeinen in allen Landschaftstypen mit Wald oder Baumgruppen und fehlt nur in den zentralen Fjällgebieten. In Schweden rechnet man mit über 200 000 Brutpaaren.

Buntspechte erbeuten vor allem Insekten und deren holzbewohnende Larven, sie ernähren sich aber auch von verschiedenen Samen und Nüssen. In der Brutsaison fressen sie nicht selten Eier und Jungvögel. Kiefern- und Fichtensamen bilden im Winterhalbjahr ihre Grundnahrung. Daher ist dieser Specht in den meisten Waldtypen häufig. In Nadelwäldern findet man oft auf dem Boden zahlreiche Fichten- und Kiefernzapfen dicht beieinander, die ein Buntspecht in seiner »Schmiede« bearbeitet und »geleert« zu Boden geworfen hatte. Die Schmieden befinden sich meist an den äußeren Ästen oder oft an abgestorbenen Teilen im Wipfelbereich. Dabei handelt es sich um eine Stelle an einem dickeren Ast oder am Stamm mit einer Spalte oder einer vom Specht gehackten Vertiefung, in der er sein »Werkstück« festklemmt. Wenn der Zapfen gut sitzt, bearbeitet ihn der Buntspecht mit gezielten Schnabelhieben aus verschiedenen Winkeln, bis er die Samen herausklauben kann. Oft muss er den Sitz des Zapfens nachjustieren, und so kann er sich mehrere Minuten lang mit einem einzigen Zapfen beschäftigen. Bevor sich im Frühjahr oder Vorsommer die Zapfenschuppen von selbst öffnen, sind nur Buntspechte und Kreuzschnäbel in der Lage, die nahrhaften Samen aus ihrer schwer erreichbaren Hülle zu holen. Dazu brechen die Spechte die Zapfen ab und transportieren sie im Schnabel zur Schmiede. Wenn sie dabei in einer Fichtenspitze herumklettern, wirken sie oft recht unbeholfen.

In Jahren mit gutem Bruterfolg, aber eher schlechtem Samenansatz kann man manchmal im Spätsommer deutliche, nach Süden gerichtete Zugbewegungen feststellen. Dann trifft man diese Spechte in beträchtlicher Anzahl auf südlichen Landzungen, Inseln oder anderen strategischen Punkten des Vogelzugs. Aus Südfinnland gibt es Berichte von fast 10 000 Buntspechten an einem einzigen Beobachtungspunkt.

Obwohl der Buntspecht sehr zahlreich vorkommt, hat man oft das Gefühl, dass nur ein Vogel oder wenige an einer Futterstelle erscheinen. Ich sehe jedoch häufig ein Weibchen und ein Männchen an meinem Futterplatz, aber nie beide gleichzeitig. Sie scheinen wie andere Spechte die meiste Zeit des Jahres Einzelgänger zu sein.

Kurzer Trommelwirbel

Der häufigste Laut, den man vom Buntspecht hört, ist ein aufgeweckt klingendes »Kick« oder »Keck«. Dieser Ruf ertönt in unterschiedlicher Tonlage – etwas höher als Warnsignal oder in langsamer Folge, wenn die Spechte entspannt miteinander kommunizieren. Von stark erregten Buntspechten hört man aufgeregt scheltende Rufreihen wie »tschrett-tscherr-tscherr-tscherr-tscher« mit heiserer Stimme. Das klingt, als ob dem Vogel ein Stück Talg im Hals steckt.

Wie die meisten Spechte trommelt das Männchen im Frühjahr, um ein Weibchen anzulocken und um sein Revier zu markieren. Der Trommelwirbel, der durch schnelles Schlagen des Schnabels auf einen dürren Ast entsteht, ist kurz und endet in der gleichen Sekunde, in der er beginnt. Als Resonanzkörper wählt der Buntspecht nicht selten die Metallabdeckung eines Telefonmasten, meistens jedoch einen trockenen, hohlen Ast. Bei den anderen Spechten ist der Trommelwirbel deutlich langgezogener.

Männchen

Steuerfedern
des Buntspechts

Andere »Buntspechte«

In Europa leben elf Arten von Spechten, in Nordafrika kommt noch eine weitere Art dazu, die nahe verwandt ist mit dem Grünspecht – der Atlasgrünspecht. Fünf Arten rechnet man zu den schwarz-weiß-roten Spechten, früher in der Gattung Dendrocopos zusammengefasst, die auch als »Buntspechte« bezeichnet werden. Diese Arten nutzen gern angebotenes Futter, etwa Speck, aber nur Bunt- und Kleinspecht kommen regelmäßig bei uns vor und werden daher in diesem Buch behandelt.

Im Norden lebt auch der äußerst seltene Weißrückenspecht *(Dendrocopos leucotos)*. Die frei lebenden Vorkommen waren in Schweden nahezu erloschen, jedoch gibt es noch lokale Bestände mit nur wenigen Vögeln in Südnorwegen, ebenso in Südostfinnland. Im Baltikum und im östlichen Europa ist der Weißrückenspecht dagegen viel weiter verbreitet. Ausbürgerungsversuche mit in Volieren gezüchteten Vögeln zeigen langsam Erfolge. Der Weißrückenspecht ist ein ausgesprochener Nahrungsspezialist, der größere Käferlarven aus morschem Holz hackt und daher mit der industriellen Waldnutzung nicht zurechtkommt. Von den Vögeln, die in Norduppland in der Gegend des unteren Dalälven (in Mittelschweden) ausgesetzt wurden, gibt es heute nur noch wenige. Die Chance, einen Weißrückenspecht an der Futterstelle zu beobachten, ist verschwindend gering. Jedoch erschienen im Winter 2013 mehrere an Fütterungen in Västerbotten (Nordschweden). Im Jahr 2015 kamen viele Weißrückenspechte aus östlichen Brutgebieten über den Finnischen Meerbusen. Vielleicht können diese Einflüge zusammen mit den Brutpaaren aus ausgewilderten Vögeln und den Biotoppflege-Maßnahmen wieder zu stabilen Brutbeständen führen.

Der Mittelspecht *(Dendrocoptes medius)* ist eine kleinere Ausgabe des Buntspechts mit ganz rotem Scheitel und fein gestrichelter Unterseite. Er brütete bis 1982 in Östergötland (Südschweden). In Kontinentaleuropa ist er nicht ungewöhnlich. Anscheinend befindet sich diese Art auf dem Vormarsch nach Norden, denn sehr überraschend erschien ein Weibchen im Dezember 2014 auf Gotland und verbrachte dort den ganzen Winter.

KLEINSPECHT
Dryobates minor

DEN KLEINSPECHT, unseren kleinsten Specht, erkennt man zuerst an seiner geringen Größe, denn er ist nicht größer als ein Haussperling. Er ist im Allgemeinen selten, lebt aber auch sehr zurückgezogen und lässt sich nicht so leicht entdecken wie ein Buntspecht. Man trifft ihn in sumpfigen Wäldern entlang von Gewässerufern mit vielen toten und absterbenden Laubbäumen wie Birken, Erlen und Weiden. Er kommt aber auch in Laubwaldinseln im Weideland und in Parks mit älterem Laubbaumbestand vor. Außerdem bewohnt er den Fjällbirkenwald, und nur dort habe ich den Kleinspecht an Futterstellen angetroffen. Eine Zeit lang besuchten wir im Spätwinter oft Hemavan in Südlappland. Außer Kohlmeisen, Weidenmeisen, Gimpel und Birkenzeisigen, die man eher an einer Fütterung im Fjällbirkenwald erwartet, kamen auch kürzlich eingetroffene Schneeammern und, wie gesagt, mehrmals auch ein Kleinspecht zu Besuch. Dieser Zwerg unter den Spechten passt am besten an die Stämme der Fjällbirken. Dort verschmilzt er gleichsam mit der schwärzlich quer gebänderten Birkenrinde und dem Flechtenbewuchs.

Die Mauser der Jungvögel verläuft ähnlich wie beim Buntspecht. Das heißt, sie behalten die juvenilen Armschwingen und Großen Handdecken. Meistens ersetzen sie jedoch die Großen Armdecken. Am Kontrast zwischen den brauneren, stärker abgestoßenen Handdecken und den neueren, schwarzen Handschwingen erkennt man einen Jungvogel im ersten Winter. Der Kleinspecht ernährt sich fast ausschließlich von Insekten und Spinnen. Im Winter schließt er sich nicht selten gemischten Meisentrupps an und sucht teilweise auch nach Meisenmanier Nahrung – die Vögel untersuchen Verstecke und Spalten in Baumrinde, an Zweigen und zwischen Flechten. Ebenfalls wie die Blaumeise sucht der Kleinspecht während der kalten Jahreszeit Fressbares im Schilf. Dabei hilft ihm sein kleiner Körper, sich in aufrechter Haltung an Schilfhalmen und etwas

Männchen
Weibchen

Weibchen

größeren Stauden festzuklammern. Die Vögel suchen die Schilfstängel nach den im Inneren verborgenen Larven oder Puppen von verschiedenen Schmetterlingen ab, die hier überwintern.

Vorsichtiger Trommler

Als Reviergesang hört man ein etwas piepsig klingendes »Ki-ki-ki-ki-ki-ki«. Der Ton wirkt oft zaghaft, und das Tempo kann stark variieren, mitunter nimmt man die Tonreihe wie hervorgepresst wahr: »pjip pjip pjip pjip pjip pjip pjip«. Der Lockruf »kick« ähnelt etwas dem des Buntspechts.

Der lange Trommelwirbel dauert meistens bis zu zwei Sekunden – er startet etwas unsicher und sinkt in der Mitte leicht ab, als ob der Vogel neu ansetzen wollte. Manchmal bleibt es nur bei der ersten Hälfte, und der Specht scheint noch einmal beginnen zu wollen, um die vollständige Trommelfolge zustande zu bringen. Im Vergleich zum hohl widerhallenden Buntspechttrommeln klingt die Kleinspechtfolge eher knatternd. Die Reichweite ist erheblich geringer als die des Buntspechts, aber mitunter ist es nicht leicht, den Abstand zum trommelnden Specht einzuschätzen.

Männchen

GRÜNSPECHT

Picus viridis

DIE BEIDEN GRÜNEN SPECHTE sind nah miteinander verwandt und ähnlich gefärbt. Der Grünspecht ist erheblich größer und sieht im Vergleich zum schlankeren Grauspecht etwas unproportioniert aus – durch den größeren Kopf und Schnabel erscheint der Grünspecht kopflastiger. Der Farbton auf dem Rücken wirkt etwas klarer und wärmer grün, im Sonnenlicht kann die Rückenpartie geradezu leuchten wie zartes Espenlaub. Kopf und Unterseite sind mehr grüngrau gefärbt. Insgesamt zeigt der Grünspecht im Vergleich zum Grauspecht einfach mehr Farbe. Der Bürzelbereich schimmert golden, beim fliegenden Vogel hat man den Eindruck, als ob er leuchtet. Die Bürzelfedern besitzen eine andere Struktur, sie sind gewissermaßen fransig oder haarig, was vermutlich diesen Schimmer verursacht.

Eventuelle Bestimmungsprobleme lösen sich, wenn man die Gesichter von Grau- und Grünspecht betrachtet, denn der Ausdruck ist völlig unterschiedlich. Beim Grünspecht starrt ein weißliches Auge »böse« aus einer schwarz-roten Räubermaske heraus. Wie beim Schwarzspecht ist die Pupille umgeben von einer schwarzen Pigmentierung, die dem Grünspecht einen auffallend starren, etwas reptilienartigen und leeren Blick verleiht. Der Scheitel ist bei beiden Geschlechtern lang und seidig-rot, aber nur beim Männchen ist der schwarze Wangenstreif mit Rot ausgefüllt. So fällt die Unterscheidung leicht.

Ab Frühsommer erscheinen die Jungvögel auf der Bildfläche. Sie sind oberseits kräftig hell gefleckt, die Unterseite und den Kopf ziert ein schwarzes Fleckenmuster. Den Jungvögeln fehlt die schwarze Räubermaske der Altvögel, sie zeigen aber bereits die typischen Geschlechtsunterschiede im Wangenstreif – beim Weibchen nur schwarz, beim Männchen mit Rot. Die juvenilen Armschwingen behalten sie den Winter über und bis zur nächsten Vollmauser bei. Dadurch weisen die Jungvögel oft helle Sprenkel oder

Sterne auf den Spitzen der drei inneren Armschwingen, den Schirmfedern, auf. Außerdem sind ihre Innenfahnen oft kontrastreicher gebändert. Auch die ebenfalls noch nicht gemauserten Großen Handdecken tragen im Vergleich zum Alterskleid eine kontrastreiche Musterung.

Grün- und Grauspecht gehören zu den sogenannten Erdspechten. Sie ernähren sich fast ausschließlich von Ameisen, die sie auf dem Boden, unter der Grasnarbe oder in Ameisenhaufen finden. Von daher erscheint auch die oberseitige Grünfärbung sinnvoll, denn in der Wiese sind sie dadurch gut getarnt. Mit ihrer zehn Zentimeter langen, sehr beweglichen Zunge können sie in den Gängen der Ameisenbaue deren Eier, Larven und Puppen aufspüren. Die Zunge scheidet ein klebriges Sekret aus, an dem die Beute hängen bleibt und in den Schnabel befördert wird. Viele Ameisenarten, von denen sich Grünspechte ernähren, beispielsweise Rote und Schwarze Wiesenameise, sind auf Kulturflächen oft zahlreich. So ist der Grünspecht recht häufig in abwechslungsreichem Kulturland zu Hause, wenn dort Einzelbäume und Feldgehölze mit Anbau- und Weideflächen abwechseln. Dichten Wald und Gebiete mit nur geringem Laubbaumanteil meidet er. In Waldgebieten ernährt er sich hauptsächlich von der Roten Waldameise. Mit seinem großen Schnabel kann er sich im Winter selbst durch tiefen Schnee zu den Ameisenbauen durchgraben – die Spuren seiner Bemühungen sieht man oft deutlich. Der Grünspecht hackt seine Bruthöhle in einen dicken Stamm, gern eine Espe, sucht aber seine Nahrung kaum in Bäumen, auch nicht in morschem Holz.

Dieser Specht besucht Fütterungen meist sehr selten, nur ausnahmsweise sieht man ihn an Fett oder Talgbrocken. Unterhalb der Futterstellen kann jedoch ein besseres Mikroklima für verschiedene Insekten herrschen, außerdem wird hier oft der Schnee weggeräumt, so dass sich dadurch in kalten, schneereichen Wintern mitunter ein Grünspecht anlocken lässt.

Im Norden selten

In Süd- und Mittelschweden ist der Grünspecht recht häufig, wird aber immer seltener nördlich des Flusses Dalälven. Sein Verbreitungsgebiet reicht jedoch bis in die Provinz Medelpad. Mitte des 20. Jahrhunderts war der Specht noch häufiger, die Populationen nahmen von den 70er- bis in die Mitte der 90er-Jahre deutlich ab. Danach haben sich die Bestände stabilisiert.

Weibchen

Ob die Ursache für den Rückgang in der abnehmenden Weidetierhaltung und Verbuschung von lichten Hanglandschaften oder an den strengen Wintern der 70er- und 80er-Jahre lag oder ob eine Kombination aus beiden der Grund ist, weiß man nicht. Viele der Wegameisen *(Lasius)*, eine wichtige Nahrungsquelle des Grünspechts, werden durch Beweidung gefördert.

In Schweden leben etwa 18 000 Grünspechtpaare. Das Verbreitungsgebiet der Spechte umfasst hauptsächlich Europa westlich der Wolga. Eine Verbreitungszunge reicht jedoch über die Türkei, den Kaukasus und als schmaler Streifen bis zum südlichen Ufer der Kaspisee. Während des Pleistozäns (Eiszeitalter) wurden einzelne südliche Populationen vom Hauptvorkommen isoliert, dadurch entstanden mehrere Farbvarianten. In Nordafrika lebt eine dieser Populationen, der Atlasgrünspecht *(Picus vaillantii)*, der inzwischen als eigenständige Art gilt.

Grünspecht

Wetterprophet

Spechte gelten im schwedischen Volksglauben als Wetterpropheten, vor allem sollen ihre Lautäußerungen Regen ankündigen. Sven Nilsson berichtete in dem Werk »Skandinavisk fauna« von einem sachkundigen Meteorologen, der versichert hatte, dass der Grünspecht das Wetter drei Tage im Voraus »vorhersagen« kann: Hört man einen hohen, einfachen Ton, so wird das Wetter schön; ruft er aber gellend, sind Regen und Unwetter zu erwarten. Kommt er gar ins Haus und zetert, dann wird es noch schlimmer.

Der Frühjahrsruf des Grünspechts, genauer sein Reviergesang, hat eine etwas klagende Tonqualität. Die wehmütig klingende, nasale Reihe »klü-klü-klü-klü-klü-klü-klü« trägt der Specht gern von einem Aussichtspunkt im Kronenbereich einer einzeln stehenden Esche oder Eiche vor. Die Tonfolge erinnert an das Gluckern von Wasser, das man aus einer Flasche gießt: »klück-klück …« Die Rufreihe variiert in Rhythmus und Frequenz sowie in der Intensität, außerdem ist sie von beiden Geschlechtern zu hören. Daneben äußern Grünspechte einzelne nasale »kjah«-Laute, die ähnlich einer heiseren Dohle, aber gepresster klingen. Oft ertönen diese Laute in einer stotternden Reihe »kjah kja-kja-kja-kja«, die man meist im Herbst oder Winter hören kann. Ist der rufende Vogel erregt, dann klingt diese Tonfolge forcierter und mehr herausplatzend. Ob sich nun der Reviergesang oder die Lock- und Warnrufe, die angeblich das Wetter vorhersagen können, in der Tonlage unterscheiden, weiß ich nicht. Bei allen diesen Phänomenen haben wir es mit Wetterpropheten und Wetterhexen der süd- und mittelschwedischen Waldgebiete zu tun. Grünspechte trommeln nur selten, und wenn, dann schwach und kraftlos.

Grünspecht – Grüngoldling

Der alte schwedische Name »Gröngylling« leitet sich vermutlich von gyllene (golden) her und bezieht sich auf den goldglänzenden Bürzel des Spechts. Heute heißt der Grünspecht in Schweden meist »Gröngöling«. Möglicherweise kommt dieser Name von »göla« (planschen) und spielt auf die dem Vogel nachgesagte Eigenschaft an, Regen anzukündigen. Ich denke bei dem Namen auch an den grünen Teppich aus Entengrütze auf einem Teich. Sven Nilsson nannte den Specht formell »Grön Hackspett«, während Magnus von Wright den Namen »Grönspett« verwendete. Die meisten Menschen, denen Vögel egal sind, verstehen unter einem Grünspecht einen unerfahrenen Anfänger (im Deutschen einen Grünschnabel).

Grauspecht

Meine erste Begegnung mit einem Grünspecht hatte ich im Alter von sechs oder sieben Jahren. Damals sah ich über mehrere Wochen täglich einem Paar beim Zimmern der Bruthöhle in einer großen Esche zu. Ich erinnere mich an das Glücksgefühl, das mich überkam, wenn die Holzspäne auf mir landeten, während ich am Fuß des Baumes lag. Ansonsten war damals jeden Freitag das neue »Donald Duck«-Heft im Briefkasten das wichtigste Ereignis. Und wenn die Neffen Tick, Trick und Track ihre »Grünspechthemden« anzogen, bedeutete dies Ausflüge in Wald und Feld, Spannung und Abenteuer pur. Als ich später ein Wölfling bei den Pfadfindern wurde, war ich fast ein bisschen enttäuscht, dass wir uns nicht auch Grünspechte nennen durften. Auf Gotland gibt es keine Grünspechte. Doch wenn ich mal einen Reviergesang höre, weckt er in mir Kindheitserinnerungen.

Ich malte damals viele Grünspechte, einige dieser Zeichnungen besitze ich heute noch. Hals und Hinterkopf sind beim Grünspecht pastellartig graugrün gefärbt. Diese Farbe stimmte exakt mit einer meiner damaligen Pastellfarben überein – ich glaube, es war Olivgrün, vielleicht auch Olivgrau. Für den Rücken hatte ich ein zu leuchtendes, zu goldenes Grün verwendet. Aber der Hals war farblich richtig getroffen – wie die Unterseite eines Olivenblattes, pastellgrau mit grünlichem Anflug.

GRAUSPECHT

Picus canus

DER GRAUSPECHT ist zurückhaltender gefärbt als der Grünspecht, der ganze Vogel wirkt, als wolle er mitteilen, dass wir uns jetzt von den mittelschwedischen Laubwäldern hinauf zu den dunkleren Wäldern der nördlichen Provinz Hälsingland begeben. Vor allem das Gesichtsmuster unterscheidet sich von dem des Grünspechts. Die dominierende Kopffärbung ist grau, der schwarze Wangenstreif schmal. Nur das Männchen besitzt eine rote Stirn, das Gesicht des Weibchens weist keinerlei Farben auf. Der Schnabel ist im Vergleich zum Grünspecht deutlich kleiner. Der ganze Vogel sieht adretter, harmonischer aus. Der Gesichtsausdruck wirkt fast trollartig. Trotz der recht hellen Iris erscheinen die Augen stets rot – wie nach langen Nächten vor dem Kohlenmeiler. Der Grauspecht zeigt einen auffallenden »Unterbiss« – jedenfalls wirkt es so, da die Kehlfedern weit auf den Unterschnabel reichen. Nur bei bestimmtem Licht leuchtet die rote »Sportmütze«, oft sieht man sie kaum. Bürzel und Hinterrücken sind heller grüngelb, leuchten aber nicht so wie beim Grünspecht. Mit seinem spindelförmigen Körper wirkt der Grauspecht im Flug kleiner und leichter.

Die Espenrinde

Als ich Anfang Juni in meinem Atelier auf Gotland darauf wartete, ein Gefühl für den Grauspecht zu bekommen, suchte ich Fotos in alten Zeitschriften und im Internet. Der Grauspecht ist ein regelmäßiger Gast an ausgelegtem Talg und nach dem Buntspecht sogar der zweithäufigste Specht an Fütterungen. Daher gibt es unzählige gute Bilder von ihm.

Früher im Jahr suchte ich den Grauspecht an den bekannten Brutplätzen im Norden der Provinz Uppland auf. Doch das Ergebnis waren lediglich

Rufe weit entfernter Vögel und der flüchtige Eindruck von vorbeifliegenden Grauspechten. Der Skizzenblock blieb leider leer … Ich hatte nur ein paar ältere Bleistiftskizzen aus demselben Gebiet. Das verunsicherte den Maler in mir. Ist der Grauspecht genauso grün wie ein Grünspecht? Ist der Ton gleich warm, gleich grüngelb, gleich klar? Diese feinen Nuancen lassen sich schwer beurteilen, wenn man nur Fotos zur Verfügung hat.

Schließlich ging ich zu einer Stelle im Wald, wo ältere Espen stehen. So erhielt ich wenigstens einen Farbeindruck vom Hintergrund, vor dem man den Grauspecht häufig sieht. Ich stellte mir den Grauspecht grüngrau wie Espenrinde vor. Im Wald stand das Mädesüß in voller Blüte, die Mücken lechzten nach warmem Blut, und die Zaunkönige sangen mit Singdrosseln um die Wette. Ich bemerkte, dass einige der großen Espen vor Kurzem gefällt und in zwei Meter lange Abschnitte zersägt worden waren. Nachdem ich eine Weile gemalt hatte, wurden die Mücken übermächtig …

Ich schleppte einen dicken Ast und ein paar Zweige in mein Atelier. Jetzt konnte ich die Färbung und Struktur genauer betrachten. Dabei entdeckte ich, dass die Oberfläche der Espen nicht nur die verschiedenen Farbtöne des Grauspechtgefieders aufwies, sondern auch dessen äußere Struktur wiedergab. Die neutralgrauen, unterschiedlich hellen Flechten zeichneten mit ihrer rauen Oberfläche den Bereich um die Mundspalte nach, sogar die scharf abgesetzte schwarze Musterung. Die Rinde zeigte die Grüntöne, die Flechten alle grauen und gelblichen Nuancen und die Jahrestriebe der Zweige den kalten rotlilafarbenen Ton der Augen. Die kontrastierende Bänderung auf den Handschwingen wurde von den neuen Trieben der äußeren Zweige nachgezeichnet, die leicht glänzend das Licht in regelmäßigen Mustern spiegelten. Ist es vielleicht so, dass der Grünspecht dem Gras des Vorsommers am Boden gleicht, während der Grauspecht durch seine Musterung mit der Rinde der Espen verschmilzt, um von oben nach Ameisen Ausschau halten zu können? Wer weiß, aber der Gedanke kam mir plötzlich. Die Evolution stellt Generation für Generation auf die Probe.

Hälsingland-Specht

Als ich Anfang der 70er-Jahre die Arbeit an meinen Vogelbüchern begann, war der Grauspecht eine Rarität, ein geheimnisvoller Vogel, den nur wenige richtig gut und aus der Nähe gesehen hatten. Die schwedische Popula-

Weibchen

tion schätzte man damals auf zweihundert Paare. Als ich endlich meinen ersten Grauspecht zu sehen bekam – von Weitem und in einer einsamen Espe auf einer Rodungsfläche –, empfand ich das geradezu als Initiationsritus. Ich hatte den Grauspecht auf meiner eigenen Artenliste angekreuzt und begann nun, mehr vom Wesen der Vogelbeobachtung zu verstehen. Die Bestände sind seit dieser Zeit gewachsen, heute ist der Specht für den, der nähere Bekanntschaft mit ihm machen möchte, relativ leicht aufzuspüren. Vielleicht hat der Grauspecht davon profitiert, dass die Forstunternehmen vermehrt auf den Kahlschlägen einzelne Laubbäume stehen lassen und dass die Kahlschläge selbst wegen ihres günstigen Mikroklimas für bestimmte Ameisenarten gute Lebensbedingungen bieten.

Die Population liegt in Schweden bei rund 20 00 Paaren, so dass auf jeden Grauspecht etwa 100 Buntspechte oder rund zehn Grünspechte kommen. Auf Gotland fehlen sowohl Grau- als auch Grünspecht. Das Verbreitungsareal erstreckt sich von Mitteleuropa nach Osten bis zum Stillen Ozean und verläuft in weiten Teilen in einem schmalen Band entlang der südlichen Taiga, wo Mischwald aus Nadel- und Laubbäumen den Vorzugslebensraum dieser Spechte bilden. In Schweden kommt die Art vor allem nördlich des Flusses Dalälven mit Verbreitungsschwerpunkt in der Provinz Hälsingland vor.

In Mitteleuropa lebt der Grauspecht auch in reinem Laubwald, nicht selten brütet er in der Nachbarschaft des Grünspechts. So entstehen gelegentlich Mischlinge beider Arten. Unter anderem in Polen wurden solche Hybridvögel auch dokumentiert. Grauspechte bevorzugen offenere Bereiche mit einzelnen, solitären Laubbäumen, am liebsten Espe oder Birke. In Asien reicht das Verbreitungsgebiet sogar in rein tropische Zonen. Dort sind einige Unterarten entstanden, die teilweise deutlich anders aussehen als die Grauspechtformen, die der Espenverbreitung folgen. Offenbar wurde der Grauspecht weiter im Osten vom Grünspecht isoliert und breitete sich von dort während der Wärmeperiode im Holozän aus. Vom Grünspecht entstanden in der südwestlichen Paläarktis einige isolierte Populationen, offensichtlich hat der Grauspecht eine ähnliche Entwicklung in Südostasien durchgemacht. Das schwedische Bild des Grauspechts als »Waldtroll von Hälsingland« ist nur ein Teil der Wahrheit.

Tempo und Tonlage sinken ab

Wie der Grünspecht trägt der Grauspecht seinen Reviergesang von strategischen Punkten innerhalb des Reviers vor. Die Töne klingen weich und etwas wehmütig pfeifend. Meist sinken Tempo und Tonhöhe zum Schluss hin ab, als bekäme der Vogel nicht genügend Luft, um die Strophe ordentlich abzuschließen: »pi-pi-pi-pi pi pü pü pü püh«. Der Grauspecht trommelt regelmäßiger als der Grünspecht, der Wirbel ist schnell und relativ lang gezogen, dauert knapp zwei Sekunden und klingt eher vibrierend als trommelnd. Andere Rufe wie Kontakt- und Warnrufe erinnern an die des Grünspechts, sind aber etwas schwächer und vielleicht im Charakter schneidender: »kjück kjück kjück kjück«, auch einzeln »kjück«.

SCHWARZSPECHT

Dryocopus martius

DER GRÖSSTE EUROPÄISCHE SPECHT ist so groß wie eine Krähe, sein rußschwarzer Körper ist lang gestreckt, der Schnabel elfenbeinfarben. Das Männchen kennzeichnet ein roter Scheitel, das Weibchen hat nur einen roten Fleck am Hinterkopf. Nach einem ungeschriebenen Gesetz sehen Spechte umso merkwürdiger aus, je größer sie sind. Der Schwarzspecht erscheint aufgrund seiner Größe und seiner Körperhaltung immer imposant, aber auch er wirkt unproportioniert und sieht mit seinem langen, schmalen Hals und dem kräftigen, kantigen Hinterkopf leicht klobig aus. Die schmutzigweiße Iris zeigt am vorderen Rand der Pupille schwarze Pigmentflecken, was dem Vogel einen leicht schielenden Ausdruck verleiht. Er sieht ein bisschen komisch aus, als wäre er eine Karikatur seiner selbst. Es ist wohl kein Zufall, dass in den Filmen von Walt Disney den Spechten die Rolle der halbverrückten Typen zukommt.

Der Schwarzspecht trägt lange »Hosen«, seine Beine sind fast bis zu den Füßen schwarz befiedert. Das erinnert mich an die Keil-Skihosen von früher, die nach unten immer enger wurden und unter den Sohlen mit einem Gummisteg gespannt wurden. Wer sich nicht daran erinnert, kann sich ja einen alten »James Bond«-Film ansehen.

Flatternder, unsteter Flug

Trifft man im Wald auf einen Schwarzspecht, macht er sich oft an einem Baumstumpf oder am Fuß eines Baumes zu schaffen. Nicht selten zieht er sich rasch hinter den Stamm zurück, wobei man mitunter das kratzende Geräusch seiner Krallen hört. Möchte man sich ihm nähern, wird er schnell misstrauisch und versteckt sich. Früher oder später lugt er aber hinter dem Stamm oder Baumstumpf hervor. Schwarzspechte fliegen oft hoch über den Baumkronen mit gerader Flugbahn. Dabei wirken sie unsicher flatternd mit den breiten Flügeln und dem leicht aufwärts gerichteten großen Kopf. Obwohl der Tannenhäher in Schweden selten ist, denkt man doch zuerst an ihn, wenn ein Schwarzspecht über eine Lichtung fliegt.

Ein Schwarzspechtbesuch im Winter

An der Südspitze von Gotland liegt Storsudret, eine breitere Halbinsel mit etwas anderem Charakter als die Hauptinsel. Hier lebte bis vor ein paar Jahrzehnten eine kleine Schwarzspechtpopulation. Ihr Verschwinden erscheint mir im Rückblick ziemlich unerwartet, auch habe ich seit mindestens 15 Jahren keinen Schwarzspecht mehr in meiner Umgebung gesehen. Leider fand ich auch keine genauen Aufzeichnungen über meine letzte Beobachtung dieser Vögel, obwohl ihr Verschwinden nicht belanglos war. Im Zentrum von Storsudret wächst ein mehr oder weniger dichter Hochwald mit alten Kiefern auf einer Fläche von einigen Tausend Hektar, der wohl mehrere Schwarzspechte beherbergen könnte. Die lichten und alternden Kiefernwaldbestände, die auf der Insel häufig sind, sagen dem Schwarzspecht offenbar zu, weshalb er auf Gotland nicht ungewöhnlich ist.

Vor ein paar Jahren tauchte in einem schneereichen Winter plötzlich ein Weibchen bei meinem Atelier auf, das sich auf dem Storsudret in einer offenen Weidelandschaft nahe der Küste befindet. Dort liegen die Bauernhöfe umgeben von einem Laubwäldchen aneinandergereiht, dazwischen erstrecken sich Ackerflächen. Mein Wäldchen war etwa einen Hektar groß und bestand meist aus Laubbäumen wie Eiche, Ahorn und Linde. Es gab auch einige Birken, die – wahrscheinlich durch Trockenheit – abgestorben waren. Ich hatte verfolgt, wie die Bäume allmählich morsch wurden und schließlich nacheinander umstürzten. Sie lagen kreuz und quer, und ich wusste nicht, ob ich sie wegschaffen oder liegen lassen sollte. Ein überwältigendes Gefühl überkam mich, als ich an einem Herbsttag plötzlich ein lang gezogenes rollendes »Prii prii prii …« hörte, so laut und typisch, dass ich es nicht überhören konnte. Ein Schwarzspecht kam angeflogen, er hatte offensichtlich entdeckt, dass mein Wäldchen das richtige Holz aufwies.

Nach ein paar Tagen sah ich ihn. Es war ein Weibchen mit rotem Fleck am Hinterkopf. In diesem Winter hatte ich mein Fernrohr am Fenster

Weibchen

stehen und einen Skizzenblock bereitgelegt. So konnte ich, sobald ich etwas hörte oder sah, das Spektiv auf dieses Weibchen richten. Von da an besuchte es mich regelmäßig und bearbeitete die Wurzeln sämtlicher umgestürzter Birken. Der Schwarzspecht verschwand erst irgendwann im März, nachdem er den ganzen Winter bei mir verbracht hatte.

Es ist unglaublich, welche Effektivität ein Schwarzspecht an den Tag legt. Von mehreren dicken Birken schredderte »mein« Weibchen nacheinander den Wurzelstock. Nach dieser Erfahrung konnte ich leicht verstehen, dass ein Schwarzspechtpaar große Flächen mit halbtoten Bäumen benötigt, um für eine Saison genügend geeignetes Holz zur Bearbeitung vorzufinden. Die begehrtesten Beutetiere sind Rossameisen, die in den verrottenden Baumstümpfen leben. Man bekommt sie aber nur selten zu sehen, denn sie sind nachtaktiv. In besagtem Winter gab es viel Schnee, aber das Weibchen schaufelte den Schnee mit seitlich wischenden Kopfbewegungen weg. Schwarzspechte ernähren sich auch von anderen Ameisen, erbeuten ferner Käfer und deren Larven. Manchmal gehen sie auch an Obst. Einmal sah ich zwei Schwarzspechte im Sommer in einem Kirschbaum herumklettern.

Schwarzspechte bevorzugen älteren Kiefernwald mit groben Stämmen, sie bewohnen aber auch reine Laubwälder. Die Vögel sind in ganz Schweden mit Ausnahme der Fjällregion weit verbreitet, jedoch nicht überall gleich häufig. Dass sie auf Gotland überhaupt vorkommen, lässt vermuten, dass sie in manchen Jahren ihre angestammten Brutgebiete verlassen oder gar nomadisch umherziehen. Die Anzahl der Vögel scheint zyklisch zu variieren, daher ist die Zahl der schwedischen Brutpaare mit fast 30 000 grob geschätzt. Im Jahr 2001 wurde eine große Anzahl Eschen von dem Pilz *Chalara fraxinea* befallen, und viele sind danach abgestorben. Vielleicht ist das die Erklärung für die Rückkehr des Schwarzspechts nach Storsudret.

Wie der Ruf des Seeadlers

Der Ruf des Männchens, eigentlich sein Reviergesang, unterscheidet sich in seiner Struktur nicht von dem des Grünspechts – eine weit tragende Lautfolge mit etwas wehmütigem, jedoch weniger nasalem Ton, »kli-kli-kli-kli-kli-kli-kli«. Mehr als einmal vermutete ich als Ursache dieser Rufreihe den Seeadler, denn sie klingt etwas greifvogelartig »wild«. Im Flug und besonders beim Landen an einem Baumstamm hört man die charakteristischen rollenden, sehr weit tragenden Flugrufe. Wenn der Schwarzspecht einen Baum angesteuert hat, ruft er lang gezogen und etwas metallisch miauend »klii äh«. Der Trommelwirbel des Schwarzspechts ist kräftig, lang anhaltend und recht langsam, die Tonhöhe fällt nicht ab. Oft schallt er ein paar Kilometer weit. Es hört sich an, als hätte der Vogel die Feder maximal aufgezogen, bevor er seinen Schnabel ins Holz schlägt. Das Trommeln erinnert an fernen Kanonendonner.

Männchen

SEIDENSCHWANZ

Bombycilla garrulus

SEIDENSCHWÄNZE sind Brutvögel der Taiga. In Schweden liegt ihr Verbreitungsschwerpunkt in Norrbotten. Dort trifft man sie am häufigsten im Nordteil an, und zwar in den fjällnahen Wäldern. Sie brüten in älterem Nadelwald, häufig in sumpfigen Fichtenwäldern mit eingestreuten Birken, oft in der Nähe von Mooren, ruhigen Flussabschnitten und Bächen. Wie Fliegenschnäpper haben Seidenschwänze lange Flügel und kurze Beine, auch fliegen sie ähnlich rasant und wendig. Im Sommer erbeuten sie Mücken und Kleinlibellen im eleganten Jagdflug. Dies kann man auch im Winterquartier an windstillen Vorfrühlingstagen beobachten, wenn bereits die ersten Insekten fliegen, oder an den letzten warmen Novembertagen.

Die Maler des Nordens

Das Federkleid des Seidenschwanzes ist ein Abbild der norrbottnischen Landschaft mit ihren unendlich vielen Grautönen in den Flechten, Birkenstämmen und Fichtenzweigen, die sich vom intensiven Rostrot der Krähenbeere absetzen. Das schwarze Moorwasser bildet einen starken Kontrast zum kräftigen Gelb der Sumpfdotterblumen und zum Weiß des Wollgrases. Die wachsartigen Federspitzen finden sich im Rot der Preiselbeeren wieder. Da ich in Mittelschweden in einem Stockholmer Vorort aufgewachsen bin, kündigen mir die nomadisierenden Schwärme der Seidenschwänze stets den Übergang vom Herbst zum Winter an. In meiner Fantasie sehe ich sogar die Farben meiner Heimatlandschaft vor dem grauen Novemberhimmel: Die in graurosa und braunbeigen Pastelltönen verputzten Fassaden der 50er-Jahre-Villen, die roten Beeren der Ebereschen und die gelben Straßenschilder anstelle der Sumpfdotterblumen. Vielleicht finden sich all die Grauabstufungen am Abendhimmel, der die zahlreichen Lichter der Stadt reflektiert. So wie jetzt Berghänflinge und Schneeammern im November an meiner Küste als Winterboten eintreffen, erinnere ich mich noch gern an die ersten Seidenschwänze, die zu Winteranfang im Stockholmer Vorort Hökarängen auftauchten. Ihre feinen hellen Stimmen klingen silbrig wie Eiskristalle, wenn sie in Alleebäumen oder in Zieräpfeln und Ebereschen herumturnen. Dann muss ich sofort nach oben schauen. Entweder ist es ein Trupp, der schnell über mich hinwegzieht, oder ein Schwarm, der aus der Krone eines kahlen Laubbaumes zu einem beerentragenden Busch oder Baum fliegt, um ihn zu plündern. Bei diesen Aktionen kommen den akrobatischen Insektenjägern ihre Flugkünste sehr gelegen. Mit ihren kurzen Beinen und geschickt rüttelnd können sie sogar die Beeren an den äußersten Zweigspitzen erreichen und sie rasch verschlucken. Es ist ein herrlicher Anblick, einem großen Trupp Seidenschwänze bei der Ernte im Gezweig eines beerenbehangenen Buschs zuzuschauen – nahezu unwirklich wie ein Papageienschwarm in einem tropischen Feigenbaum, nur mit der nordischen Farbskala.

Natürlich kommen Seidenschwänze auch nach Gotland. Die ersten erscheinen bereits Mitte Oktober, aber erst um den 1. November herum sieht man sie regelmäßig. Die Trupps sind oft rastlos und selten so vertraut wie in den Städten und Siedlungen. In der freien Landschaft suchen sie Mehlbeeren und Ebereschen auf, solange diese Früchte tragen, danach gehen sie an Hagebutten und Wacholderbeeren. Auch Äpfel und Birnen verzehren sie mit großem Appetit. Nicht selten sitzen sie auf dem Boden und fressen herabgefallene Früchte und Beeren. Sie ziehen weit umher und verschwinden oft genauso schnell, wie sie aufgetaucht sind. In vielen Siedlungen bieten Bäume und Büsche so reichliche Ernte, dass die Schwärme längere Zeit bleiben können. Überreifes Obst und Beeren können leicht in Gärung übergehen. Seidenschwänzen macht der Alkohol nicht viel aus, denn sie können ihn abbauen. Ihre Leber verträgt viermal so viel Alkohol wie die des Menschen. Früher waren Seidenschwänze eine willkommene Ergänzung des Speisezettels, weil sie sich recht leicht fangen lassen.

In manchen Jahren ziehen die Schwärme bis weit nach Südeuropa und Großbritannien. Im März oder April kann man in Südschweden die Rückkehrer und auch Trupps, die im Land geblieben sind, beobachten. Dann sieht man sie meist in kleinen Gruppen. Zu Fütterungen kommen sie vor allem, wenn dort Äpfel, Birnen oder andere Früchte angeboten werden.

adultes Männchen

junges Weibchen

adultes Männchen

Zunehmende Bestände

Die Zahl der schwedischen Brutvögel hat zwar zugenommen, aber die Bestände schwanken stark von Jahr zu Jahr. Die Ursache ist nicht ganz klar. Seidenschwänze brüten im Norden an der Grenze ihres Verbreitungsgebietes, außerdem wird ihre Häufigkeit von mehreren Faktoren beeinflusst. Möglicherweise liegen sogar natürliche Zyklen zugrunde. Wenn sie in einem Jahr zahlreich in Westeuropa überwintern, sollte man erwarten, dass im darauffolgenden Jahr mehr Paare brüten. So könnten die Populationen allmählich anwachsen. Fällt der Höhepunkt jedoch mit einem schlechten Beerenjahr zusammen, kann es zur Massenauswanderung kommen. Im Sommer verzehren die Vögel viele Heidel- und Preiselbeeren sowie andere Waldbeeren der Bodenschicht. Wenn wir in Schweden große Mengen Seidenschwänze sehen, kommt mit hoher Wahrscheinlichkeit ein Großteil von ihnen aus dem Osten. Im »Svensk fågelatlas« von 1999 betonten die Autoren, dass die Bestände dieser Art nur schwer zu erfassen sind. Die Zahl der schwedischen Brutvögel wurde dort mit 1000 bis 50 000 Paaren angegeben. In der neuesten Ausgabe des Brutvogelatlas »Fåglarna i Sverige« schätzt man die Anzahl sogar auf bis zu 80 000 Paare.

Altersunterschiede

In einem Schwarm Seidenschwänze sieht man ziemlich schnell, dass sich das Flügelmuster der einzelnen Vögel unterscheidet. Die Variationen betreffen sowohl Männchen und Weibchen als auch Jung- und Altvögel. Allerdings ähnelt sich die Flügelzeichnung von Weibchen und jüngeren Männchen. Die Handschwingen älterer Männchen besitzen breite, kräftig gelbe Außenkanten sowie auffällige, breite, weiße Spitzen. An den Armschwingen befinden sich mehr rote Wachsplättchen. Bei jungen Weibchen ist der weiße Rand an den Handschwingen-Außenfahnen schmaler, die weiße Zeichnung an den Innenfahnen-Spitzen fehlt, wodurch ihre Flügel unscheinbarer wirken. Ältere Weibchen und jüngere Männchen haben zwar eine gelbe Handflügel-Außenkante, jedoch sind bei ihnen die weißen Hinterränder der Handschwingen nur angedeutet oder fehlen ganz. Bei manchen Vögeln, meist älteren Männchen, ragen dünne rote Federschäfte aus den gelben Spitzen der Steuerfedern hervor. Gelegentlich sieht man einzelne Jungvögel in den Herbstschwärmen, deren Jugendmauser noch nicht abgeschlossen ist. Sie fallen sofort durch ihr blasses Gesicht, die fehlende Haube und längliche graue Flecken auf der Brust auf. Bei Vögeln im ersten Winter ist der dunkle Latz (Kinnfleck) mattschwarz und undeutlich begrenzt. Beobachtet man einen Trupp Seidenschwänze bei der hektischen Beerenmahlzeit, lässt sich am ehesten die Flügelzeichnung beurteilen. Bei ruhenden Vögeln erkennt man oft mit Hilfe eines Fernrohrs die Unterschiede in Färbung und Abgrenzung des Kinnflecks.

Den Seidenglanz malen

Es ist oftmals schwer zu beschreiben, wie man das richtige »Gespür« für die Färbung und die Farbabstufungen eines Vogels bekommt. Beim Aquarellmalen habe ich oft die Schwierigkeit, ob meine Farbwahl das Empfinden wiedergibt, das der Vogel bei mir auslöste. Ich arbeite nass in nass, um die weichen Farbübergänge hinzubekommen. Wenn zwei Farbtöne mit dem gleichen Wassergehalt aufeinandertreffen, verlaufen sie. Oft mische ich etwas Gouache-Deckweiß dazu, um einen noch weicheren, pastellartigeren Farbton zu erhalten. Wenn ich aber Seidenschwänze male, die so viele feine Farbabstufungen haben, dann entsteht fast immer eine unerwünschte schärfere Grenzlinie. Dann muss ich noch einmal mit dem Pinsel nacharbeiten, allerdings sehr behutsam. Dadurch schwindet der Zauber, der schwerelose Übergang, und ich beginne, die Oberfläche mechanisch zu bearbeiten, um wieder zurückzufinden. Immer mehr Farbschichten trage ich auf, bis das Luftige des Federkleids verschwunden ist. Am Ende entsteht eher ein Gouachegemälde. Ölfarbe ist besser geeignet, denn sie lässt sich in weichem Zustand lange mischen, bevor das Leinöl aushärtet.

Auch Sven Nilsson war fasziniert von der schönen Färbung. Nach seiner Meinung »ist der Seidenschwanz einer der schönsten Vögel Europas … das ganze Gefieder ist weich, seidengleich und ziemlich dicht«. Sein Zeitgenosse Magnus von Wright bemühte sich, die Farbtöne und deren Übergänge zu beschreiben. Die Brust des Seidenschwanzes hat »eine bemerkenswert schöne rotgraue Farbe«, die in verschiedene Farbtöne übergeht und abschließt mit dem fast »weißgrauen« Bauch, der ganz hinten einen »kräftigen Anflug von Hellockergelb« aufweist. Diesen schwachgelben Farbton sieht man draußen fast nie, aber er existiert bei manchen Vögeln ganz hinten am Bauch. Bei oberflächlicher Betrachtung könnte man glauben, die Unterseite sei gleichmäßig graurosa oder graubeige. Dieses rötliche Grau, wenn es diese Farbe überhaupt so gibt, stellt aber doch gut die Intensität dieser Farbe dar. Zwischen Rot und Grau liegt eine Unmenge an Farbtönen. Und ein ganzes Leben ist nötig, um sie zu interpretieren.

junges Weibchen

HECKENBRAUNELLE

Prunella modularis

DIE UNAUFFÄLLIGE HECKENBRAUNELLE ist trotz ihrer Häufigkeit den meisten Menschen unbekannt. Der etwa feldsperlinggroße Kleinvogel wirkt insgesamt recht dunkel. Die Oberseite ziert ein warmes Braun mit dunkleren Streifen, Kopf und Brust sind eigenartig blaugrau gefärbt. Die Geschlechter unterscheiden sich kaum, Männchen zeigen aber ein klareres Grau, sind oberseits kräftiger und mehr rostbraun gefärbt, die Brustseiten sind weniger gestrichelt, die Iris ist braunrot. Den Weibchen fehlen im ersten Winter mitunter die auffälligen Merkmale. Die Strichelung ist eher graubraun, die hellere Iris ebenfalls graubraun. Typisch sind auch die helleren Flecken oder Wärzchen unter den Augen.

Die Heckenbraunelle verlässt Schweden zwischen September und Oktober und zieht in Richtung Südwesteuropa. Einige Vögel versuchen oft nach einem milden Herbst, im Brutgebiet zu überwintern. Ende März kehren sie zurück – zur Hauptzugzeit von Rotkehlchen, Singdrossel und Buchfink. Dann besuchen Heckenbraunellen auch regelmäßig meine Fütterung. Dort picken sie in geduckter Körperhaltung Talgbrocken und Samen auf, die zu Boden gefallen sind. Der feine, spitze Schnabel verrät ihre Hauptnahrung, Insekten und Spinnen. An Fütterungen kommen sie am ehesten, wenn der Boden gefroren oder mit Schnee bedeckt ist. Man sieht sie dann regelmäßig in geringer Zahl, vor allem in den südlichen Landesteilen.

Im Norden brüten Heckenbraunellen in buschreichen Wäldern, oft in jungen Fichtenpflanzungen, aber auch in reiner Buschlandschaft und in Gärten. Außerhalb der Brutzeit hört man oft nur ihren hellen, scharfen Ruf »siih«. Während des Zuges machen sie mit einem feinen dreisilbigen »Si-si-si« auf sich aufmerksam. Im Frühjahr singen die Männchen von einer niedrigen Singwarte aus hell zwitschernd-quietschende Strophen, die an die des Zaunkönigs erinnern, aber langsamer vorgetragen werden.

Männchen

junges Weibchen im Winter

ZAUNKÖNIG

Troglodytes troglodytes

DER ZAUNKÖNIG ist einer unserer kleinsten Vögel. Er fühlt sich in dichtem Unterholz mit vielen Verstecken wohl. Im Norden ist er ein ausgesprochener Waldvogel, der sich oft an einem Wurzelteller oder Haufen aus Zweigen auf einem älteren Kahlschlag aufhält. Durch seinen erstaunlich lauten, kräftigen Gesang macht er auf sich aufmerksam. Zuerst hört man meist einige kurze Stakkatolaute »teck teck«, dann sieht man vielleicht einen kleinen braunen Federball in Kniehöhe davonhuschen. So könnte sich auch eine Maus in Sicherheit bringen – Flügelschläge nimmt man jedenfalls nur selten wahr. Zaunkönige lieben dichtes, bodennahes Gestrüpp und das Wirrwarr von bodennahen Kleinstbiotopen, in denen sich auch Kerbtiere aufhalten. Deshalb trifft man den Zaunkönig ziemlich oft in Gärten mit Reisig- und Laubhaufen oder in Holzstapeln und in dichtem Gestrüpp an Steinmauern an. Fütterungen besucht er selten, aber er schließt sich wie der Waldbaumläufer gern den Kleinvogeltrupps an. Ausnahmsweise verzehrt er auch Beeren und Früchte, aber ich habe ihn nie direkt beim Fressen am Futterplatz gesehen. Seine Bewegungen sind rasch und etwas ruckartig, manchmal fliegt er auch auf einen etwas höheren Ast und bleibt dort für einen Augenblick. Durch sein rundliches Aussehen mit großem Kopf, kurzem »Heck« und keckem Schwänzchen, das oft über den Rücken nach oben ragt, ist dieser Vogel kaum mit einer anderen Art zu verwechseln. Die Heckenbraunelle kann auf den ersten Blick ähnlich dunkelbraun erscheinen, sie wirkt aber stets deutlich größer. Obwohl er so klein ist, sieht der Zaunkönig immer etwas streng, leicht »ärgerlich« aus. Dieser Gesichts-

ausdruck wird durch den deutlichen langen Überaugenstrich verstärkt. Der Rücken ist warmbraun mit feiner Wellenzeichnung, die zu den Flügeln zieht und auf den Schwungfedern in eine feine Bänderung übergeht.

Lautstarker Gesang

Der Zaunkönig verrät seine Anwesenheit mit harten »teck«- oder »trett«-Rufen, die er oft in schnellem Stakkato, einer trocken schnalzenden Tonreihe wiederholt. Im Englischen heißt er »Wren«. Das leitet sich von »wrench« ab und bedeutet »Schraube« oder »Schraubenschlüssel«. Eine gute Umschreibung, denn das Stakkato des Zaunkönigs klingt etwa so wie das Knarzen einer alten Holzschraube. Zaunkönige, die ein Winterrevier verteidigen, singen oft schon im Herbst und den ganzen Winter über, am intensivsten ist der Reviergesang jedoch während der Brutsaison im Frühling und Frühsommer. Dieser Gesang erinnert mich an die Vogelstimmen, die man ab und zu in Modeboutiquen in der Stadt hört: eine lang anhaltende und heftig zwitschernde Folge von hohen Tönen mit schnellem Wechsel der Motive. Wer nicht weiß, wie klein dieser Vogel ist, wird sich wundern, wenn er den Sänger sieht.

Verluste in harten Wintern

Die Zaunkönigbestände können nach recht milden Wintern deutlich zunehmen. Man sieht die Vögel dann überall in den Wäldern. Dagegen sind sie nach einem harten Winter fast völlig verschwunden. Viele Zaunkönige ziehen im Herbst südwärts. Ein ziemlich großer Teil der Population versucht jedoch, in Süd- oder Mittelschweden zu überwintern. Unser Zaunkönig gehört zu einer Familie, die ursprünglich in Amerika beheimatet ist. Dort gibt es mehrere Arten, die ganz unterschiedliche Lebensräume bewohnen. Auch in unseren Breiten scheint sich der Zaunkönig gut anpassen zu können, so bewohnt er beispielsweise gänzlich baumlose Inseln oder Vogelfelsen im Atlantik. Die Anzahl der Brutpaare schwankt in Schweden von Jahr zu Jahr beträchtlich, man schätzt die Bestände auf etwa eine halbe Million Paare. Am häufigsten kommt der Zaunkönig in Süd- und Mittelschweden vor, er dringt aber auch weit in die Fjällzone vor.

ROTKEHLCHEN

Erithacus rubecula

FRÜHER hielt man das Rotkehlchen für eine kleine Drossel, es ist aber näher mit den Fliegenschnäppern verwandt als mit den eigentlichen Drosseln. Seine langen Beine und die aufrechte Körperhaltung deuten auf seine hüpfende Fortbewegung am Waldboden hin. Dort sucht es nach Insekten, Spinnen und anderem Kleingetier. Mit den großen, runden Augen sieht es vorzüglich im Waldesdunkel, oft beobachtet es von einem Stein oder tief hängenden Ast aus den Boden. Die verschiedenen Farben des Bodens finden sich im Gefieder des Rotkehlchens wieder. Seine drosselbraune Oberseite erinnert an die Singdrossel. Dieser besondere Farbton erscheint in manchem Licht rein braun, in anderem grünbraun und im Aprillicht sogar graubeige. Das Rostrot von Stirn, Kehle und Brust grenzt an ein mildes Grau, das sich an den Brustseiten herabzieht. Die Unterseite ist hellbeige oder grauweiß gefärbt. Wenn sich das Rotkehlchen vom Betrachter entfernt, verschmilzt das Braun von Rücken und Flanken mit dem welken Laub des Waldbodens, dann sieht man nur noch einen Streifen Rostrot, den man leicht für ein Blatt hält. Gleichzeitig kann das Rotkehlchen bei Revierstreitigkeiten Artgenossen seine rostrote Brust drohend präsentieren. Für die Gesangsdarbietung am Morgen wählt das Männchen einen hoch gelegenen, besonnten Platz, später am Vormittag trägt es seinen Gesang von einem niedrigeren Ansitz im Gezweig vor.

Rotkehlchen im Garten

Rotkehlchen brüten in verschiedenen Waldtypen, oft in Fichtenwald, in Südschweden auch in unterholzreichen Parkanlagen und Gärten. Nordschwedische Vögel sind hauptsächlich Zugvögel, die im September weg-

ziehen und im April zurückkommen. Seit einigen Jahrzehnten überwintern jedoch immer mehr Rotkehlchen in Schweden und besuchen seitdem vor allem in Süd-, aber auch in Mittelschweden regelmäßig Futterplätze. Die große Mehrzahl zieht aber immer noch alljährlich nach Südwesteuropa und Afrika. So erscheinen vor allem im September viele Rotkehlchen aus Nordschweden in unseren Gärten. Entlang der Küste und auf günstig gelegenen Halbinseln sind sie dann oft zahlreich und lassen ihre angenehm tickenden Rufe besonders in der Morgen- und Abenddämmerung aus dichtem Gebüsch hören. Die meisten Rotkehlchen sind gegen Ende Oktober weggezogen, nur ein kleiner Teil bleibt, sofern das Herbstwetter mild ist. Ende November schließlich ist der angeborene Zugtrieb erloschen, Vögel, die dann noch im Lande sind, ziehen nicht mehr.

Wintersänger

Das Rotkehlchen frisst vorwiegend Käfer, andere kleine Insekten und Spinnen, im Herbst und Winter verzehrt es viele Beeren und Früchte. Mit dieser Strategie kann es auch bei Minusgraden in seinem Brutlebensraum bleiben. Die Vögel beziehen bereits im Herbst Winterreviere, deren Grenzen sie heftig verteidigen und den ganzen Winter hindurch singend abstecken.

Wenn man an einem Novembermorgen bei Tagesanbruch aufmerksam lauscht, kann man hören, ob Rotkehlchen in einem bestimmten Gebiet überwintern. Beide Geschlechter singen, doch die Überwinterer sind vor allem Männchen. Der Gesang ist ausdauernd, hell perlend mit unterschiedlichem Tempo, wobei zart fließendes Zwitschern mit einer Kaskade klangvoller Töne abwechselt. Es ist eine Vogelstimme, die wir meist mit dem Frühlingswald zur Zeit der Leberblümchenblüte verbinden.

Den Winter in Schweden zu verbringen, ist mit Unwägbarkeiten verbunden. Denn ein langer und harter Winter bedeutet hohe Verluste. Anscheinend haben aber immer mehr Rotkehlchen herausgefunden, dass sie in Siedlungen überwintern können, weil dort regelmäßig Futter angeboten wird. Oft picken sie neben der Futterstelle auf dem Boden kleine Brocken von herabgefallenem Talg oder Samen auf, oder sie hacken in Äpfel. Wahrscheinlich könnte das Rotkehlchen den Winter nicht überstehen, wenn es in den Büschen keine Insekten finden würde oder ersatzweise Talg oder anderes Fett an Fütterungen.

Schöne Augen

Das Rotkehlchen zieht mit seiner ansprechenden Erscheinung, der roten Brust und den großen, schönen Augen die Aufmerksamkeit auf sich. Um das runde, bisweilen etwas eckig wirkende schwarze Auge befindet sich ein orangeroter oder gelblich weißer Ring, der für uns Vogelmaler eine Herausforderung darstellt. Der Gesichtsausdruck des Rotkehlchens wird nämlich in vielerlei Hinsicht von der Form des Auges und des hellen Augenrings geprägt. Hinter dem Auge ist dieser Ring am hellsten, er bildet dort eine kleine Verdickung. Vor dem Auge wird er dunkler und verschmilzt mit dem Hagebuttenrot der Zügelregion. Wir neigen dazu, den Blick der Vögel als mild zu deuten.

Mitunter hört man die Geschichte, dass das Rotkehlchen eine rote Brust bekam, weil es dem gekreuzigten Jesus einen Dorn herauszog. Diese Anekdote steht allerdings nicht in der Bibel. Eine ganz andere Bedeutung bekamen die rote Brust und das milde Auge durch David Lack. Er stellte die Ornithologie in einen größeren wissenschaftlichen Kontext und begründete die moderne Evolutionsbiologie. In den 1930er-Jahren entstand nach langjährigen Studien die erste ornithologische Artmonographie »The Life of the Robin«. Mit Hilfe mehrjähriger Studien an farbberingten Rotkehlchen und sorgfältigen Aufzeichnungen wissen wir heute, wie der Existenzkampf für einen Kleinvogel aussieht. Die englischen Rotkehlchen verteidigen ihre Reviere das ganze Jahr über äußerst aggressiv. Die rote Brust hat dabei Signalcharakter: Sie fordert den Rivalen zum Kampf auf Leben und Tod heraus. Das große, schwarze Auge ist nicht immer Ausdruck einer sanften Wesensart.

AMSEL
Turdus merula

DIE AMSEL ist offizieller Nationalvogel Schwedens. Im Jahr 2015 wurde ihr erneut dieser Ehrentitel verliehen, nachdem sie ihn schon im Jahr 1962 erhalten hatte. Die Abstimmung, in deren Schlussrunde auch Blaumeise, Gimpel, Elster und Seeadler standen, wurde von Schwedens Ornithologischer Gesellschaft durchgeführt. Die Amsel ist in großen Teilen des Landes häufig, ihre Verbreitung folgt in etwa der menschlichen Siedlungsdichte. Deshalb kommt sie in den dünn besiedelten nördlichsten Landesteilen und im Fjäll nur spärlich vor. Amseln brüten mit Vorliebe in Gärten, und viele Menschen sehen sie im Winter still in einem Busch sitzen. Die Vögel wirken vertraut, als ob sie Kontakt suchen. Viele von uns erfreuen sich sicherlich an ihrem Gesang an Frühlingsabenden oder in lauen Juninächten.

Adulte Männchen sind kohlschwarz mit gelborangefarbenem Schnabel. Die Schnabelfärbung ändert sich jedoch von Warmgelb im Winter zu einem fast reinen Orange zur Brutsaison. Die Weibchen sind braun, oft dunkelbraun mit angedeuteter hellerer Musterung auf der Unterseite. Ein schwarzes Männchen mit viel Schwarz auf dem Schnabel ist vermutlich ein junges Männchen. Später erscheinen beigegelbe Flecken, und zu Beginn des Frühjahrs ist der Schnabel oft ganz gelb.

Die Mauser der Drosseln

Das Amselmännchen eignet sich gut als Studienobjekt, um zu verstehen, wie der Federwechsel bei den Sperlingsvögeln abläuft. Das kann man bequem vom Küchenfenster aus an einem Wintertag beobachten, wenn man ein paar Äpfel auslegt, denn die meisten Futterplätze werden regelmäßig von einer oder mehreren Amseln aufgesucht. Bei der landesweiten Wintervogelzählung wurden 50 000 Amseln gemeldet, durchschnittlich drei bis vier Vögel pro Futterstelle. Hier bietet sich die Gelegenheit, einzelne Individuen anhand ihrer Gefieder- und Schnabelfärbung zu unterscheiden. Die Amseln tragen wie alle Sperlingsvögel zunächst ein dunkelbraunes Jugendkleid, das übersät ist mit unterschiedlich großen rostgelben oder rostbraunen Flecken. Solche Individuen kommen im Hochsommer oft in die Gärten. Um sie genauer zu studieren, ist ein Vogelbad oder ein Kirschbaum in der Nähe empfehlenswert. Das Jugendkleid ist bei allen Drosseln und Fliegenschnäppern hell gepunktet und bietet dadurch Tarnung in dieser empfindlichen Lebensphase. Frisch ausgeflogene Vogeljunge machen die Hauptnahrung für die Sperberbrut aus. Noch vor dem Herbst wird das Jugendkleid gegen ein Gefieder getauscht, das dem Alterskleid ähnelt. Der Jungvogel trägt also während des ersten Kalenderjahres zwei verschiedene Kleider: das Jugendkleid und danach das erste Alterskleid, das er den Winter über beibehält. Der zeitliche Verlauf der Mauser hängt davon ab, wann im Jahr die Brut stattgefunden hat. Einige Junge werden bereits Anfang Mai flügge, andere verlassen das Nest erst im August. Die junge Amsel durchläuft daher eine sogenannte partielle Mauser oder Teilmauser, in der die Körperfedern (Kleingefieder) gewechselt, die großen Schwung- und Steuerfedern (Großgefieder) jedoch beibehalten werden.

Das Federkleid des Männchens

Junge Männchen sind nach dieser Teilmauser bis auf ein paar braune Reste ganz schwarz. Die Großen Armdecken werden von innen nach außen gewechselt, normalerweise ungefähr die Hälfte davon. Bei den jungen Männchen entsteht so ein Kontrast zwischen dem schwarzen Körper und den dunkelbraunen Schwungfedern und äußeren Armdecken. Meist erkennt man die Grenze zwischen den schwarzen inneren Großen Armdecken und den braunen äußeren. Die beibehaltenen juvenilen Deckfedern weisen oft Rostgelb an Spitze oder Außenrand auf, wodurch der Kontrast noch verstärkt wird. Außerdem sind die neuen schwarzen Federn oft länger als die juvenilen. Adulten Männchen fehlt der Kontrast zwischen Körpergefieder und Schwungfedern. Der Farbton ist gleich, nämlich neutralschwarz. Die meisten kleineren Sperlingsvögel brüten in diesem Kleid im folgenden Jahr, während beispielsweise Krähenvögel dies erst ein Jahr später tun, also

junges Männchen

adultes Männchen

zweijährig. In ihrem zweiten Kalenderjahr, das heißt ab Januar nach ihrem Geburtsjahr, behalten Amselmännchen dieses Kleid, bis sie im Sommer alle Federn wechseln und damit adult werden. Eine Amsel im zweiten Winter unterscheidet sich nicht mehr von älteren Vögeln.

Das Federkleid des Weibchens

Auch bei den Weibchen kann man die jungen im ersten Winter von den älteren Vögeln unterscheiden, denn die Großen Armdecken zeigen ebenfalls eine Mausergrenze zwischen juvenilen und adulten Deckfedern. Bei den Weibchen ist der Unterschied jedoch schlechter zu erkennen, denn sowohl juvenile als auch neue Federn sind braun. Die neuen sind allerdings kälter braun, mehr olivbraun und ohne Rostbraun an der Außenkante oder Spitze. Bei jüngeren Männchen variiert die Färbung etwas. Bei manchen tendiert das Schwarz ins Braune, diese Vögel haben auch braune Federränder

junges Weibchen

auf Brust und Bauch. Sie ähneln mitunter adulten dunklen Weibchen, aber meistens ist ein Unterschied sichtbar. Alle Weibchen zeigen eine größere Variation im Braunton und in der Musterung. Wer wie ich die braunen Töne der Amsel schätzt, kann in den Abstufungen und Lichteffekten der Weibchen schwelgen. Sie sind für einen Aquarellmaler viel interessanter als die schwarzen Männchen, so elegant diese auch aussehen mögen.

Winteräpfel

Amseln leben im Frühjahr und Sommer hauptsächlich von Insekten und Regenwürmern, die sie auf Wiesen oder auf dem Waldboden finden. Im Sommer werden die Jungvögel durch Beerensträucher und Obstbäume angelockt, im Herbst und Winter wird diese Nahrung immer wichtiger. Die meisten Amseln aus nordischen Gegenden ziehen südwärts, vor allem im Oktober und November, oder sie bevölkern die Städte und Siedlungen. Die vielen dekorativen Beerensträucher in den Städten üben im Winter eine starke Anziehungskraft aus, und fast jeder Weißdornbusch oder Berberitzenstrauch beherbergt eine ortsansässige oder zugezogene Amsel als Wintergast. In den städtischen Revieren sind die Überwinterer oft ältere Männchen. Häufig sitzen sie dann in den Büschen und singen leise vor sich hin. Jungvögel überwintern generell näher am Brutgebiet als Altvögel.

Bei der jährlichen Wintervogelzählung erreicht die Amsel fast stets den fünften bis siebten Rang. Die schwedische Population schätzt man auf 1,1 Millionen Paare, die finnische auf etwa eine halbe Million. Von den gemeldeten Amseln stammt der überwiegende Teil aus Großstadtregionen und aus Südschweden. Die Obstbäume und Beerensträucher der Gärten bilden anscheinend eine wichtige Nahrungsquelle für sie im Herbst.

Auf Gotland findet jeden Herbst in der Zeit von Mitte Oktober bis Anfang November ein beachtlicher Zuzug von Amseln statt. Es handelt sich vorwiegend um durchziehende finnische und russische Vögel. So kann ich manchmal rund um mein Atelier und in der Umgebung bis zu 50 Amseln sehen, die sich über Birnen, Äpfel und die Beeren von Schlehe, Mehlbeere und Weißdorn hermachen. Bereits im Januar können sie wieder in Richtung Brutplätze aufbrechen, die meisten kommen dort jedoch erst im März oder April an. Hoch im Norden zieht sich der Heimzug bis in den Mai hin. Die ausharrenden Vögel verteidigen im Unterschied zu Wacholderdrosseln ihre abgesteckten Winterreviere. Wenn man an einem kalten Wintertag ein paar Äpfel auslegt, versucht oft eine Amsel vehement, alle Rivalen zu vertreiben, was ihr allerdings nur selten gelingt.

Wehmütiger Gesang

Der häufigste Ruf ist ein kurzes »Kock«, bei stärkerer Erregung wiederholt und etwas schärfer »tjück-tück-tück«, bei Gefahr hart »pick-pick-pick«. Diese beiden Motive werden zu einer sich rasch beschleunigenden Tonfolge verknüpft, wenn eine Amsel aufgescheucht wurde. Die Rufreihe kommt plötzlich und klingt wie ein gespanntes Rollo, das losgelassen wird, mitunter auch herzzerreißend. Ist der Vogel richtig erregt, etwa wegen einer Katze, kann er abwechselnd ein langes Stakkato von harten »tjück«-Rufen und gellenden »kripp«-Folgen äußern. Weiterhin kann man ein zartes gedehntes »Tzihh« hören, das oft von ziehenden Vögeln stammt.

Amseln beginnen mit ihren Gesangsdarbietungen oft schon im Februar von einer Singwarte aus. Die Melodie klingt voller nordischer Wehmut, ist dunkel und klar und wirkt vom Motivaufbau her versonnen. Revierinhaber lassen oft ganzjährig aus einem schützenden Gebüsch heraus das halblaute und verhaltene Schwätzen ihres Subsongs hören.

adultes Männchen mit dunkler Schnabelzeichnung, 27. Oktober

junges Männchen, 1es KJ,
26. Oktober,
mehr gelb als dunkel

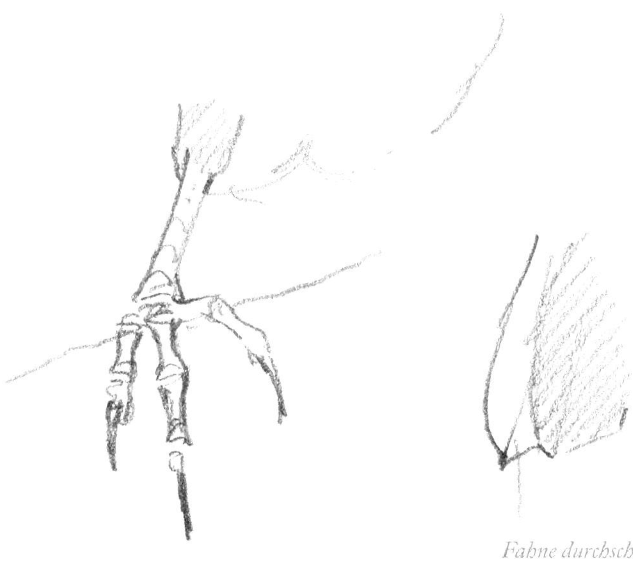

Fahne durchscheinend

WACHOLDER-DROSSEL

Turdus pilaris

IN SCHWEDEN wurde die Wacholderdrossel früher »snöskata« (Schneeelster) genannt. Sie war bekannt dafür, dass sie spät wegzieht und dann im Süden in großen Scharen eintrifft, wenn der erste Schnee fällt. Das Erste, was man von den Trupps hört, sind hohe, raue »gih«- oder »glieh«-Rufe, gefolgt von einem weich schackernden »Scha-ka-schak-schak«. Oft erscheinen die Schwärme wie eine Armada in großen lockeren Formationen. Auf Gotland, wo ich wohne, ziehen die Drosseln schon ab Ende September in Gruppen oder kleinen Trupps umher, jedoch sehe ich sie meist erst Ende Oktober oder im November in größeren Scharen südwärts ziehen. In meiner Umgebung sind vor allem die Beeren von Eberesche, Mehlbeere, Weißdorn und Wacholder beliebt, im Frühjahr spielen dann Regenwürmer eine größere Rolle. Auch Äpfel und Birnen sind stets begehrt. Wenn die nordischen Wacholderdrosseln bei uns eintreffen, haben die Artgenossen vor Ort zusammen mit den Krähenvögeln bereits die meisten Vogelbeeren geplündert. Ist noch etwas Fressbares übrig, bleiben die Wacholderdrosseln, herrschen jedoch Kälte und Mangel an Früchten und Beeren vor, ziehen sie weiter südwärts. An die Fütterungen im Winter kommen meist Einzelvögel, auch wenn sich in der Umgebung größere Trupps aufhalten.

Das vergessene Motiv

Als ich für das vorliegende Buch die Wacholderdrossel malen wollte, suchte ich wie gewöhnlich in meinen zahlreichen Skizzenbüchern nach passenden Vorlagen. Da merkte ich, wie selten ich diese Art gemalt oder

Männchen

adultes Männchen

draußen skizziert hatte, vielleicht sogar überhaupt nicht. Ich habe sicher mehrere Male gerade flugfähige Jungvögel gemalt, denn die verbinde ich mit meiner Kindheit. Als etwa Zehnjähriger brachte ich öfter fast flügge Junge heim, weil ich dachte, dass sie aus dem Nest gefallen sind. Bald jedoch erkannte ich, dass die Jungen oft bereits das Nest verlassen, wenn sie noch nicht fliegen können. Allerdings war das Verlangen, einen Vogel zu bekommen, größer als diese Einsicht. Ich fütterte die Jungvögel mit Würmern. Mich amüsierte ihr Dunenschopf auf dem Kopf, die gelbe Mundspalte und der kecke Gesichtsausdruck. Ich besaß daheim einen kleinen Zoo mit Fröschen, Raupen und Blindschleichen. Jedes Frühjahr kam eine junge Wacholderdrossel oder Elster dazu. Jedoch kann ich mich nicht erinnern, jemals eine erwachsene Wacholderdrossel gemalt zu haben.

Die Drosseln brüten fast jedes Jahr in meinem Garten, daher sollte ich irgendwann einmal eine gezeichnet haben. Alle anderen Drosselarten habe ich hier auf Gotland gemalt, selbst die seltene Ringdrossel. Vielleicht empfand ich diese Art als allzu gewöhnlich – das kann aber nicht sein. Möglicherweise ist es ihr Äußeres, ihr schwer zu deutender Gesichtsausdruck mit der ungewöhnlichen schwarzen Musterung ums Auge, die merkwürdig blaugraue Färbung und die scheinbar unregelmäßige schwarze Fleckung. Oder hinderte mich der unschöne Gesichtsausdruck daran, mich dieser Art zu widmen? Trotzdem hätte wenigstens eine meiner unzähligen Begegnungen mit diesen Vögeln dazu führen müssen, den Aquarellblock hervorzuholen. Ich erinnere mich aber an keine derartige Gelegenheit. Vogelbeobachter interessieren sich meines Erachtens kaum für die Wacholderdrossel, denn sie begeistert am wenigsten. Im Herbst prüfen sie die Schwärme, ob sie nicht eine seltenere Drosselart darin entdecken. Meist ist eine Rotdrossel dabei, die den Puls wenigstens etwas höher schlagen lässt. Für uns dagegen liegt Schönheit oft mehr im Ungewöhnlichen.

Die hässliche Schönheit

Die Wacholderdrossel singt »falsch« oder jedenfalls unschön. Kommt man ihrem Nest zu nahe, greifen die Vögel an und koten auf einen. Die schön singende Amsel ist schwedischer Nationalvogel, dagegen wird ihre Verwandte ignoriert oder gilt als Beerendieb. Sie hat nie einen besonderen Stellenwert in der schwedischen Naturprosa oder Naturmalerei erhalten. Gunnar Brusewitz malte jedoch mindestens ein, vielleicht auch mehrere Aquarelle von ihr, etwa in seinem ersten großformatigeren Buch »Skissbok« (»Skizzenbuch«) von 1970. Es ist das einzige Bild, an das ich mich erinnere.

Nachdem ich Fotos und einen überfahrenen Vogel aus der Tiefkühltruhe studiert hatte, machte ich mich ans Werk. Aber leider habe ich kein inneres Bild von Wacholderdrosseln. Ich erinnere mich an ein etwas helleres Weibchen mit ungewöhnlich sanftem Gesichtsausdruck und mit weniger Schwarz unter dem Auge. Aber eine Skizze habe ich nicht gemacht. Mit der Wacholderdrossel habe ich mich spät beschäftigt. Zuerst entdeckte ich ihre Lautäußerungen. Während andere Drosseln im Herbst kaum miteinander kommunizieren, tun dies Wacholderdrosseln ziemlich ausführlich. Vielleicht sind es zaghafte Singversuche – als ob sie die Gelegenheit nutzen, singen zu üben. In meinen Ohren klingt das zu einer Zeit, in der Amseln mit ihrem »kock« oder »pick« wie Hühner rufen, ganz angenehm. Nach mehreren Versuchen, Wacholderdrosseln zu zeichnen, beginne ich den

Vogel zu sehen, erkenne ich seinen Gesichtsausdruck und verstehe, welche Bereiche das Typische des Vogels erkennen lassen. Allmählich finde ich die Wacholderdrossel »hübsch hässlich«. Vergleicht man die Federkleider der Drosseln miteinander, könnte man denken, dass die anderen Arten mit ihrem Schwarz, Beigegrau, Braun und etwas Ockerton in Mailand oder Paris designt wurden, während die Wacholderdrossel eine Mischung aus dem London der 70er-Jahre trägt: gelbes Hemd mit schwarzen Streifen und Rauten, weinrote Bomberjacke, graue Flanellhosen und schwarze Schuhe.

Besonderes Äußeres

Im Vergleich zum eher adretten Äußeren der übrigen Drosseln ist die Wacholderdrossel wirklich einmalig gemustert und trägt überraschende Farben und Zeichnungen. Die rostgelbe Brust mit unterschiedlicher Farbsättigung ist kräftig gestrichelt, die Strichel gehen auf den Brustseiten in dunkle, eckige Flecken über und werden auf den Flanken zu Pfeilspitzen oder Hufeisen. Scheitel, Nacken und Bürzel sind grau, die übrige Oberseite zeigt einen kalten rotbraunen Ton. Die vielen unterschiedlichen Muster und Farbtöne machen die Vögel unverwechselbar. Die Männchen besitzen generell eine kräftiger gemusterte Kehle und eine gröbere Scheitelfleckung. Die Scheitelmusterung der Weibchen ist schmaler und spitzer, das ist aber draußen kaum zu erkennen. Jungvögel im ersten Winter behalten oft einige äußere Große Armdecken, die sich in Ton und Zeichnung leicht von den neuen Deckfedern absetzen. Sind nur ein paar der äußersten Federn betroffen, sieht man selten einen Unterschied. Die juvenilen Deckfedern sind oft auch kürzer als die neuen. Bei adulten Männchen ist der Kontrast zwischen dem Leberbraun des Rückens, der oft als dunkel gefleckt erscheint, und dem hellen Grau von Hinterrücken und Bürzel stark ausgeprägt. Junge Weibchen haben mitunter einen deutlich brauneren Schwanz und einen matteren, einheitlicheren Braunton auf dem Rücken sowie einen eher beigen als grauen Bürzel. Bei einem Teil der Herbstvögel ist der Schnabel fast ganz schwarz, was für junge Weibchen normal ist. Manche Weibchen zeigen auffällig wenig Zeichnung auf Kehle und Brust.

Ich war recht erstaunt, wie groß die individuellen Unterschiede waren, als ich schließlich Wacholderdrosseln mit Stift und Pinsel zu sehen begann.

graue Mittlere Armdecken

junges Weibchen,
29. Oktober 2015

adultes Männchen
in Schwedischer
Mehlbeere

ROTDROSSEL

Turdus iliacus

DIE ROTDROSSEL ist eine nordische Art, in Schweden brütet sie in fast allen Waldtypen von der Provinz Småland an nordwärts, bevorzugt in feuchterem, unterwuchsreichem Wald. In den meisten Landschaften Nordschwedens ist sie die häufigste Drossel, vor allem ist sie Charaktervogel des Fjällbirkenwalds. In Schweden rechnet man mit etwa 1,1 Millionen Paaren. Ein Teil der Vögel kann in Südschweden bis weit in den Herbst bleiben, wenn die Ebereschen üppig Beeren tragen. Bei Kälte und Schnee kommen die Vögel nicht selten in Gärten mit Obstbäumen und Beerensträuchern.

Die Rotdrossel ist kleiner als die Wacholderdrossel, etwa singdrosselgroß. Man erkennt sie leicht an ihrer kontrastreichen Kopfzeichnung und an den roten Flanken. Mit ihrem breiten, hellen Überaugenstreif und dem hellen Bartstreif, der die dunklen Ohrdecken einrahmt, wirkt sie streng. Die meisten Vogelbeobachter schätzen die Rotdrossel mehr als die Wacholderdrossel. Weil sie ansprechender ist, habe ich sie oft gemalt. Die Farbkombination aus einem relativ kühlen oder milden Braunton und den roten Flanken wirkt harmonisch. Die Flecken auf der Unterseite fließen wie Tropfen vom Aquarellpinsel auf einen weißen Bogen. Auf der Brustseite lösen sie sich wie auf einer nassen Oberfläche auf. Wie die Misteldrossel weist auch die Rotdrossel heller beigegraue Außenfahnen der Großen Armdecken und Schwungfedern auf, die als weich pastellartige Flügelzeichnung erscheinen. Manche Vögel, vor allem Jungvögel im Herbst, können einen warmen Gelbockerton auf Überaugenstreif und Brust haben. Bei Rotdrosseln im ersten Jahr sind die frisch gemauserten inneren Großen Armdecken von den äußeren juvenilen Großen Armdecken gut abgesetzt. Letztere weisen meist einen deutlich hellen, oft rostfarbenen Spitzenfleck auf, der ein kleines Perlenband entlang des Flügels bildet. Auch die juvenilen Schirmfedern haben oft einen zähnchenartigen hellen Spitzenfleck.

MÖNCHS-GRASMÜCKE

Sylvia atricapilla

DIE MÖNCHSGRASMÜCKE kommt in ganz Europa vor, in Schweden ist sie ausgeprägter Zugvogel. Sie brütet vor allem in Laubmischwäldern mit üppigem Unterwuchs. Während die nahverwandte Gartengrasmücke bis in die Tropen zieht, überwintert der Großteil der Mönchsgrasmücken in Südeuropa und Nordafrika. Die Vögel bevorzugen im Sommer und Herbst Beeren und Früchte, daher sind sie im Winter weniger auf Insektennahrung angewiesen. Mönchsgrasmücken aus Deutschland haben während der letzten Jahrzehnte des vorigen Jahrhunderts neue Überwinterungsgebiete in England gefunden, auch eine nach Westen ziehende Population gibt es seitdem. Es zeigte sich, dass das neu erworbene Zugverhalten vererbt wird. Es sind also nur ein paar Generationen nötig, um ein neues Zugverhalten zu entwickeln. Dadurch hat die Art bei einer Klimaänderung Vorteile.

In Schweden hat die Zahl der Mönchsgrasmücke in den letzten Jahren zugenommen, an den winterlichen Fütterungen erscheinen immer mehr. Die Vögel bevorzugen Äpfel, nehmen aber auch kleine Samen und Talg. Allerdings trifft man sie fast nur in den südlichsten Landesteilen an Futterplätzen. Unkundige könnten männliche Mönchsgrasmücken wegen der Farbverteilung für eine Sumpfmeise halten. Die Grasmücke ist jedoch größer, langgestreckter und hat einen anderen Gesichtsausdruck. Die schwarze Kappe erinnert eher an eine aufgekrempelte, etwas nach vorne gerutschte Mütze. Sie reicht nicht wie bei der Sumpfmeise über die Augen. Durch den weißen Halbkreis unter den Augen und die mittelgrauen Wangen wirkt der Gesichtsausdruck verschlafen. Weibchen haben eine braunrote Kopfplatte und eine etwas wärmere Körperfärbung. Junge Männchen können ebenfalls einen rostfarbenen Anflug auf der Stirn aufweisen.

Männchen
Weibchen
junges Männchen mit
rostfarbener Stirn

Weibchen

Männchen

WINTER-GOLDHÄHNCHEN

Regulus regulus

DAS WINTERGOLDHÄHNCHEN ist Überwinterer und Zugvogel zugleich, die richtige Entscheidung kann also überlebenswichtig sein. In einem langen, kalten Winter kann das Bleiben im Norden katastrophal enden, in einem milden Winter hat es hingegen Vorteile. Der Zug in den Süden birgt große Gefahren für einen Vogel, der nur fünf Gramm wiegt und damit der kleinste Vogel Europas ist. Ich bin jedes Jahr erneut fasziniert, dass es diese winzigen Federbällchen wagen, von Gotland aus über die Ostsee zu fliegen und viele Hundert Kilometer über dem offenen Meer zurückzulegen. Wintergoldhähnchen leben von Insekten und Spinnen, weshalb der nordische Winter für sie eine große Herausforderung darstellt. Die Winzlinge suchen im Bereich der äußersten Zweigspitzen, oft im Rüttelflug, kleine überwinternde Insekten.

Das Wintergoldhähnchen besticht durch einen ganz eigenen Gesichtsausdruck. Die Augen liegen isoliert inmitten eines hellen Bereichs, die deutlich erkennbaren Mundwinkel zeigen nach unten. Die Scheitelmitte der Männchen zieren ein paar orangerote Federn, die beim Singen und bei Revierstreitigkeiten meist aufgestellt werden. Der häufigste Ruf im Winter ist ein sehr hohes, dreisilbiges »Sih-sih-sih«.

Die Winzlinge kommen fast im ganzen Land vor, haben aber in Süd- und Mittelschweden ihren Verbreitungsschwerpunkt. Die Zahlen schwanken stark von Jahr zu Jahr, man schätzt, dass es etwa drei Millionen Brutpaare gibt. Im Winter ziehen die Vögel oft in Kleinvogeltrupps in den Wäldern umher und gelangen so auch in die Nähe von Futterplätzen. Nur selten kommen sie direkt zur Fütterung. Sie nehmen dort eher auf den Boden gefallene Talg- oder andere Fettkrümel oder auch kleine fettreiche Samen.

SCHWANZMEISE

Aegithalos caudatus

DAS AUSSEHEN einer Schwanzmeise bezaubert wohl jeden. Ich vermeide ja tunlichst den Begriff »süß«, wenn ich einen Vogel beschreibe, aber bei der Schwanzmeise muss ich kapitulieren. Der kugelrunde Kopf wirkt leicht zerzaust, die schwarzen Knopfaugen und der schwarze Schnabel sehen aus wie angenäht. Der ganze Körper erinnert an ein Wollknäuel mit ungewöhnlicher Farbkombination aus Weiß, Schwarz und Dunkelrosa. Der unverhältnismäßig lange Schwanz verstärkt das Rundliche des Körpers. Aus der Nähe sieht man, dass der obere Lidring das Auge wie mit einer rosa Klammer einrahmt. Die Vögel gleichen sich scheinbar, aber die Menge an Weiß auf den Flügeln kann individuell variieren. Jungvögel machen während des Sommers eine vollständige Mauser durch, danach kann man Jung- und Altvögel sowie die Geschlechter nicht mehr unterscheiden.

Keine Meise

Genau genommen ist die Schwanzmeise keine Meise, aber Größe und Verhalten erinnern stark an die eigentlichen Meisen. Schwanzmeisen bilden eine eigene Familie, die nicht näher mit beispielsweise Blau- oder Sumpfmeise verwandt ist. Die Art kommt in einer Reihe von geografischen Unterarten in Europa und im Nahen Osten vor. Nur die nordische Nominatform *caudatus* besitzt einen ganz weißen Kopf – ihr Verbreitungsgebiet erstreckt sich in einem Gürtel bis nach China. Die Unterart *europaeus* in Kontinentaleuropa trägt ein dunkles Band an den Scheitelseiten und wirkt im Gesicht »schmutziger«. Die Grenze zwischen den beiden Formen liegt in Dänemark, unterschiedliche Zwischenformen sind aber nicht allzu selten, besonders in Schonen.

Unterart caudatus

Schwanzmeisen trifft man nur selten allein, sie bilden kleine Trupps von 10 bis etwa 15 Vögeln. Die Gruppe bleibt meist zusammen, die Vögel fliegen oft hintereinander her durch die Vegetation. Keiner möchte den Anschluss verlieren. Sie sind ruffreudig, besonders wenn sie in Bewegung sind. Ein Trupp macht sich oft durch trockene, strenge »pt«- oder »prrll«-Rufe oder ein hohes, dreisilbibes »Zi-zi-zi« bemerkbar. Die Gruppen bestehen aus einigen Familien und weiteren Vögeln, die sich anschließen. Sie verteidigen ein größeres Revier gegenüber anderen Trupps. Zerfällt die Gruppe vor der Brutperiode, gründen die Paare keine eigenen Reviere mehr. Schwanzmeisen bevorzugen feuchtere Waldgebiete, leben aber auch im Kulturland in Feldgehölzen, Buschland und in Waldstreifen, die an Feuchtgebiete grenzen. Früher besuchten sie keine Futterplätze, doch in den letzten Jahren kamen sie immer häufiger zu Fütterungen mit Talg oder Ähnlichem. Sie nehmen auch gern Erdnüsse wegen ihres hohen Eiweißgehalts. Im Unterschied zu den eigentlichen Meisen, die Artgenossen verscheuchen, können mehrere Schwanzmeisen friedlich an einem Talgknödel fressen. Da ihre natürliche Nahrung vor allem aus Insekten und Spinnen besteht und sie keine Vorräte für den Winter anlegen, sind Schwanzmeisen im Norden stark wetterabhängig, und ihre Sterberate ist entsprechend hoch.

Im Winterhalbjahr übernachten die Vögel gemeinsam und kuscheln sich in einer langen Reihe auf einem geschützt liegenden Zweig aneinander, um sich gegenseitig zu wärmen. Außerdem zeigen Schwanzmeisen eine Art Uneigennützigkeit (Altruismus), das heißt, Männchen, die ihre Brut verloren haben, helfen einem anderen Paar, indem sie dessen Junge füttern. Die Paare eines Gebietes zogen im Winter gemeinsam umher, so ist die Wahrscheinlichkeit groß, dass die Vögel miteinander verwandt sind und dass sie der Verwandtschaft helfen. Dadurch stellt das Männchen, das einem Nachbarpaar hilft, selbst aber keine Jungen aufzieht, dennoch sicher, dass Teile seines eigenen Genoms in den Nachkommen der verwandten Vögel weitergetragen werden. Auf diese Weise konnte sich diese Form des Altruismus (sogenannte Hamiltons Regel) unter den Schwanzmeisen entwickeln. Die Vögel sind aber bereits von Natur aus sehr sozial.

Am häufigsten ist die Schwanzmeise in Süd- und Mittelschweden, sie kommt aber auch im Südteil und an der Küste Norrlands vor. Die Vögel halten sich normalerweise das ganze Jahr über in den Grenzen ihres Areals auf, jedoch schwankt die Dichte von Jahr zu Jahr stark. Die Anzahl der Brutpaare in Schweden wird auf etwa 34 000 geschätzt. Nach erfolgreicher Überwinterung und anschließender Brutsaison können die Bestände so weit anwachsen, dass zahlreiche Vögel abwandern. Das ist besonders aus russischen Brutgebieten bekannt.

Übergangsform

Unterart europaeus

BLAUMEISE

Cyanistes caeruleus

BLAUMEISEN gehören in Schweden zu den häufigsten Besuchern von Vogelfütterungen, so auch bei mir. Mein Futterplatz beim Atelier liegt neben einem großen Waldstück mit hohen Eichen und anderen Laubbäumen – idealer Lebensraum also für diese Meisen. Bei der Wintervogelzählung im Januar landet die Blaumeise stets auf einem der ersten fünf Plätze. In Südschweden nimmt sie zu, im Norden erweitert sie ihr Verbreitungsgebiet. Allerdings trifft man sie in den Waldgebieten Norrlands nur spärlich an, und in Fjällgebieten fehlt sie völlig. Man schätzt den Bestand in Schweden auf 700 000 Brutpaare. Die Blaumeise scheint ein echter Gewinner der Veränderungen zu sein, die die moderne Zeit in der Natur mit sich bringt.

Die Fähigkeit zur schnellen Anpassung an eine vom Menschen geprägte Umwelt ist ein wichtiger Grund für den Erfolg dieser Art. Schon zu Beginn des 20. Jahrhunderts wurden die Blaumeisen als »Erfinder« berühmt. In England lernten sie, aus den Milchflaschen, die der Milchmann vor die Türen seiner Kunden stellte, Rahm zu stibitzen. Sogar die Rotkehlchen lernten den Trick und nutzten diese Quelle. Als man dann aus Hygienegründen die Flaschen mit Aluminiumfolie versiegelte, gaben die Rotkehlchen auf. Die Blaumeisen dagegen schafften es, ein Loch in den Deckel zu hacken und so weiter am Frühstück teilzuhaben.

Als Generalisten können sich Blaumeisen an verschiedene Nahrung anpassen. Außerdem sind sie von Natur aus neugierig und untersuchen auch versiegelte Nahrungsvorräte, wobei ihnen ihr kurzer konischer Schnabel beim Öffnen hilfreich ist. Auf ähnliche Weise suchen sie in den zusammengerollten Eichenblättern, die am Baum hängen geblieben sind, überwinternde Larven und Puppen. Darüber hinaus benehmen sich Blaumeisen furchtlos und ziemlich selbstbewusst gegenüber größeren Arten. Am Futterplatz bevorzugen sie Talg und anderes Fettfutter. Oft beobachte ich eine Aufteilung an der Futtertheke: Die Blaumeisen bearbeiten die Talgknödel, während sich die Kohlmeisen an den Sonnenblumenkernen bedienen. Auf einem Talgknödel lösen beide Arten das Problem, indem ihn die Kohlmeise von oben, die Blaumeise von unten bearbeitet. Um sich gegen einen Artgenossen durchzusetzen, spreizt die Blaumeise die Flügel und drückt die Schultern hoch, so dass der Nacken dick wirkt. Kohlmeisen sind zwar stärker als die Blaumeisen, diese setzen sich aber oft zur Wehr – manchmal auch erfolgreich.

Ultramarinblauer Scheitel

Bei den Vögeln gibt es hin und wieder Artenpaare, die sich stark ähneln, wie Buch- und Bergfink, Weiden- und Sumpfmeise oder eben Kohl- und Blaumeise. Viele Vogelbuchautoren beschreiben daher vor allem die Unterschiede, obwohl sich beide Vogelarten eigentlich deutlich unterscheiden. So sind Blaumeisen bedeutend kleiner. Beide empfindet man aber vor allem als farbenfroh mit gelben, grünen und blauen Grundtönen. Die Unterschiede in der Zeichnung werden sichtbar, wenn man sie nebeneinander sieht. Das Blau der Blaumeise ist wirklich blau, speziell der Scheitel ist leuchtend ultramarin. Das Grün des Rückens ist im Vergleich zur Kohlmeise ein gedämpfteres, kühles Graugrün, das am Nacken in ein weißliches Blaugrau übergeht.

»Ultramarin« bedeutet »jenseits des Meeres« und bezieht sich auf die Herkunft von Lapislazuli, ein begehrtes Mineral aus der Nähe des Kaspischen Meeres in Mittelasien, das man zerrieb, um das blaue Farbpigment zu erhalten. Der Lapislazuli variiert wie das Blau der Blaumeise in Abstufungen zwischen dunklem Himmelblau und hellem Türkis. Magnus von Wright schwärmte in »Finlands foglar« von 1859 vom Männchen: »Er ist ein ausnehmend prachtvoller Vogel ... mit weißer Stirn, darüber eine vorne helle, aber nach hinten dunklere, schöne blaue Kalotte in Himmelblau.« Sogar Sven Nilsson schrieb 1858 in seiner »Skandinavisk Fauna«, der »Scheitel sei schön azurblau glänzend«. Dieses Blau ist etwas Besonderes, speziell wenn es glänzt wie bei der Blaumeise. Die blaue Kappe des Männchens strahlt oft so auffällig, als ob eine spezielle Struktur der Federn den Glanz entstehen ließe. Für eine Blaumeise wird das Leuchten noch intensiver, da sie auch das ultraviolette Licht wahrnehmen kann. Das Weibchen wählt

junges Weibchen
adultes
Männchen

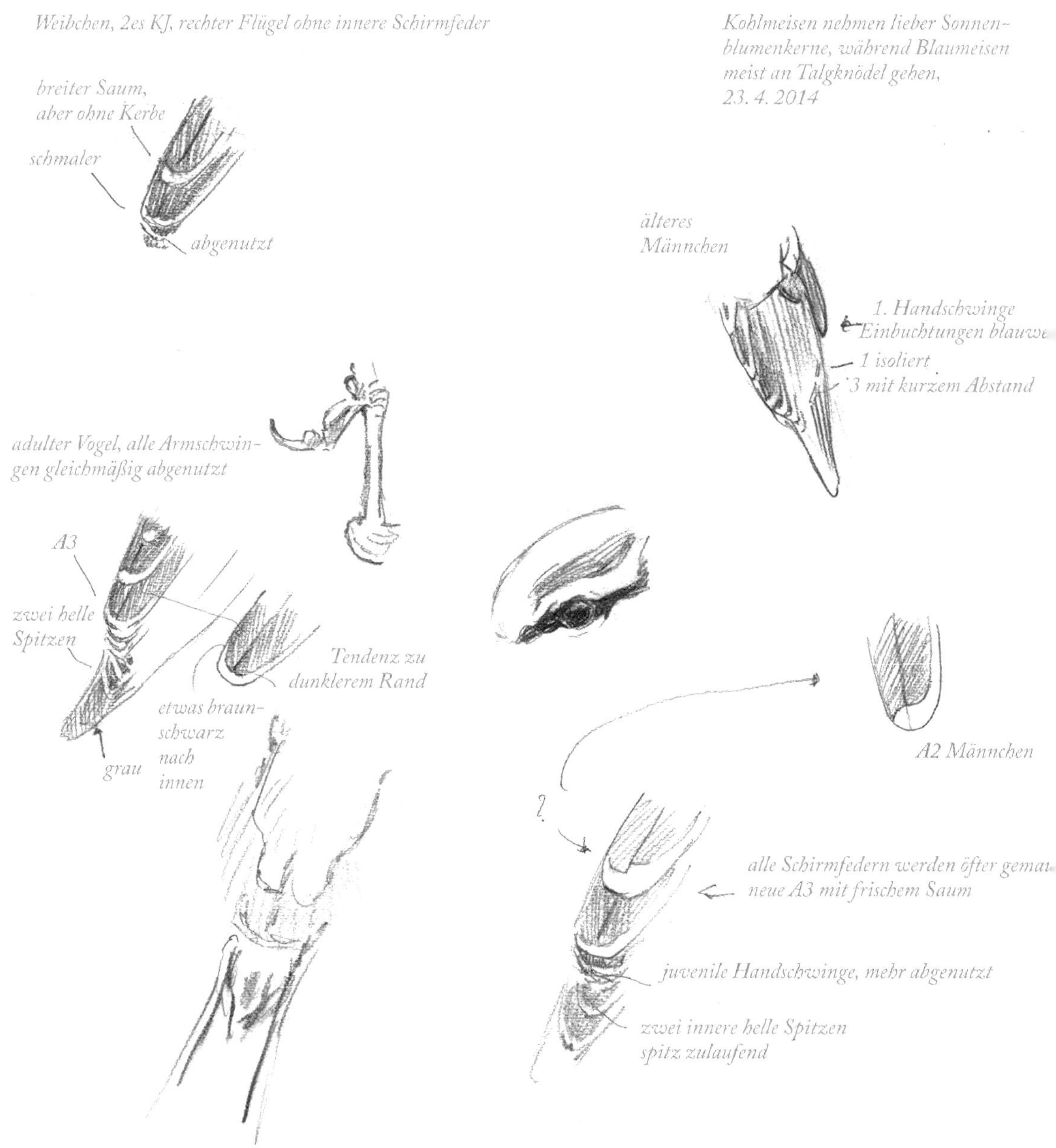

Studien einer Blaumeise. Die inneren drei Armschwingen des Flügels nennt man Schirmfedern und zählt sie A1–A3 (bzw. engl. S7–S9), dabei ist die innerste A1 am kürzesten, die A3 am längsten. Bei den Meisen sieht man oft die Spitze der nächsten Handschwinge, also der sechsten Armschwinge von außen gerechnet. Insgesamt enthält der Flügel 10 Hand- und 9 Armschwingen. Junge Meisen wechseln meist alle drei Schirmfedern vor dem ersten Winter und erhalten so eine Mausergrenze zwischen diesen und der stärker abgenutzten juvenilen sechsten Armschwinge.

ältere Männchen, gleichmäßiger gelb, neapelgelb? milder Ton

jüngere Vögel schmutziger im Ton, speziell an den Flanken düster

Weibchen mit dunklerem Scheitel, sozusagen zu dunklem Graublau abgenutzt

Flügel bei bedecktem Himmel nicht leuchtend blau, matt kobaltblau

graublauer Augenstreif

Nacken etwas strubbelig, buschig

Sindarve (Gotland), 17. 1. 2015

adultes Männchen

das Männchen nach seiner Leuchtkraft aus, die Ausdruck seiner Vitalität ist, sozusagen der »Fitness-Faktor«. Je fitter es ist, desto mehr männliche Nachkommen kann es zeugen. So empfinden nicht nur wir das magisch leuchtende Blau des Scheitels als besonders ansprechend.

Die Fähigkeit, ultraviolettes Licht sehen zu können, ist für Meisen und viele andere Vögel wichtig, denn so können sie die grünen Larven entdecken, die sich im frischen Grün der Eichenblätter zu tarnen versuchen. Auch die Flügel der Männchen leuchten himmelblau, während die Weibchen oft gedämpfter blau gefärbt sind und ein Teil der jüngeren Weibchen an den Flügeln nur matt grünlich getönt sind. Die Schwungfedern der Männchen weisen ein bemerkenswertes Spektrum an Blautönen auf, das von Kobaltblau bis Helltürkis reicht, sowie weißliche Außenränder und Spitzen an den Schirmfedern – wie weiße Schaumkronen auf dem türkisblauen Mittelmeer.

Die Farbe Gelb

Das Gelb auf der Unterseite entspricht nicht ganz dem Gelb der Kohlmeise. Seine Intensität variiert von Vogel zu Vogel. Das fällt besonders auf, wenn die Blaumeisen an kalten Wintertagen ihr Bauchgefieder aufplustern. Das Gelb wirkt dann weniger intensiv, am deutlichsten wird dieser Eindruck auf der Brust. Direkt unter der Brust, in der Bauchmitte, erscheint ein schmutzigweißes Feld mit dunklerem grauschwarzem Rand oder Keil, wie eine Andeutung des markanten schwarzen »Schlipses« der Kohlmeise. Magnus von Wright beschrieb die Farbe der Unterseite als Gummigutt-Gelb. Den Farbstoff findet man heute im Künstlerbedarf als »Kaisergelb« oder »Gamboge«, abgeleitet von »Kambodscha«, woher diese dunkel senfgelbe Pflanzenfarbe stammt.

Interessanterweise vergleicht man das Gelb nicht mit Sonnenblumen oder anderen häufigen gelben Blumen. Das Blaumeisengelb ist ein schwer beschreibbarer, weicher Gelbton. Ich suchte in meinen Ölfarben nach dem passenden Farbton, um ihn für mich zu definieren. Ich entschied mich für das helle Neapelgelb, ein kräftiges Gelb, das nicht leuchtet. Es scheint wie dafür geschaffen, das Blau der Flügel zu ergänzen, so wie ein mattes Geschenkpapier gut zu einem glänzenden Edelstein passt.

Wie bei der Kohlmeise tauschen die Jungvögel den größten Teil des ersten Federkleids im Spätsommer, dann ähneln sie schon sehr den Altvögeln. An den Flügeln behalten sie die Schwungfedern und Handdecken, während die inneren drei Armschwingen, die Schirmfedern, gemausert werden. Durch die unterschiedliche Abnutzung setzen sich diese neuen Federn stark von den darunterliegenden ab. Man erkennt dies oft recht gut im Fernrohr, wenn die Blaumeisen an einem Meisenknödel hangeln.

Silberheller Gesang

Die Rufe der Blaumeise sind recht variabel, allerdings nicht so unterschiedlich wie bei der Kohlmeise. Im Wald hört man oft ein hohes »Tzi-tzi-tzi«, an Fütterungen ein zänkisches »Tchörtchör-titit« – erwartungsvoll oder vielleicht etwas erregt, aber auf jeden Fall eifrig. Manchmal leiten helle, spitze Töne die Ruffolge ein, etwa »pitzi ti tchörtchör«, was entspannter klingt. Wenn man Futter nachfüllt, bleiben oft Blaumeisen ganz in der Nähe und erscheinen als Erste wieder, wenn man den Platz verlassen hat. Der Gesang besteht aus einer lebhaften, silberhellen Folge von kurzen läutenden Tönen: »pitzi sisisisisisisisi«. Oft hört man eine Zwischenform zwischen Gesang und Ruf und häufig Varianten davon, wie zum Beispiel »pihtzi tchü lü lü«.

Die Blaumeise hat hinsichtlich ihrer Nahrungswahl viele Gemeinsamkeiten mit der Kohlmeise, aber es gibt auch Unterschiede: Blaumeisen picken Futter ungern vom Boden auf, wie es die Schwesterart häufig tut. Typisch ist auch, dass sie Schilfhalme und Rohrkolben auf überwinternde Raupen untersuchen. Ob der Rohrkolben »gefüllt« ist oder nicht, erkennt die Blaumeise am Ton, wenn sie mit dem Schnabel sachte anklopft. Im Erfolgsfall hackt sie ein Loch in den Kolben, um an die Beute zu gelangen. Blaumeisen sieht man oft Knospen, Gallen oder Verdickungen im Geäst untersuchen, denn diese können Larven oder Puppen von Insekten enthalten. Viele Meisen sind klein, und wenn man sieht, wie sie im Blattwerk oder an Halmen turnen, ahnt man, dass ihre Größe eine Anpassung an die Form ihres Nahrungserwerbs ist, Gezweig von allen Seiten her zu durchforschen.

Blaumeisen hamstern kein Futter, sondern sind das ganze Jahr darauf angewiesen, genügend Nahrung zu finden. Sie sind Jahresvögel, wobei die Paare oft ganzjährig zusammen im Revier bleiben. Wie auch Kohlmeisen wandern in manchen Jahren Blaumeisen in großen Scharen ab. Meist ist dies eine Folge von zahlreichem Nachwuchs, verbunden mit schlechtem Fruchtansatz der Pflanzenarten, von denen sie leben.

KOHLMEISE

Parus major

FÜR MICH als Künstler ist die Kohlmeise ein Paradoxon – einerseits bunt und kontrastreich, andererseits verschmilzt sie auf wundersame Weise mit ihrer Umgebung. Wenn ich wie so oft Skizzen anfertige und diese mit Aquarellfarben ausfülle, kommt mir die Kohlmeise mit ihren gelben, grünen und blauen Papageifarben, getoppt von Schwarz und Weiß, fast exotisch vor. Als ich einmal einer Kohlmeise zusah, die im Laubbaum vor meinem Fenster in Ruhe einen Sonnenblumenkern bearbeitete, ging die gelbe Färbung völlig in den verschiedenen Farben der Zweige unter. Blühende Haselkätzchen haben den gleichen neapelgelben Ton wie ihre Brust, und die graublauen und grünen Farben verschmelzen mit den Flechten und Moosen des Gezweigs. Der schwarz-weiße Kopf sticht stets aus dem Zweiggewirr heraus, während der Körper mit dem Hintergrund verschmilzt. Die gelbe Farbe ist immer schwer zu definieren, sie ist intensiv und ändert sich je nach Lichteinfall oft deutlich. Für mich als Kind stellte der schwarze Kopf mit den weißen Wangen die größte Herausforderung beim Zeichnen der Kohlmeise dar, und so ist es heute noch. Die Kohlmeise kennt man zwar gut, doch das Typische und der Ausdruck des Vogels steht und fällt mit der richtigen Perspektive und den Proportionen des Kopfmusters.

Größerer Schnabel im Frühjahr

Die Kohlmeise ist rund 30 Prozent größer als eine Blaumeise. Das sieht man, wenn beide Meisen gemeinsam an einem Meisenknödel hängen. Außerdem ist ihr Schwanz länger und breiter. Die Geschlechter lassen sich leicht an dem schwarzen Längsband über Brust und Bauch unterscheiden. Das Männchen hat ein breit abgesetztes Band, das sich auf der Brust

verschmälert, dahinter wird es wieder breiter und mündet zwischen den Beinen in einen großen schwarzen Bauchfleck. Das Brustband des Weibchens ist schmaler und gleichmäßiger breit. Zwischen den Beinen befindet sich nur ein verwaschen grauer Fleck. Es gibt große individuelle Unterschiede. Kann man die Geschlechter nicht unterscheiden, hilft ein Blick auf den Bauch: Fehlt der deutliche schwarze Fleck, ist es ein Weibchen.

Der Schnabel variiert in Größe und Form. Er ist relativ lang und groß und bei manchen Individuen auf dem First verdickt, wodurch er grob erscheint. Das hat man bei einer Population in England untersucht. Dabei zeigte sich, dass die Männchen im Frühjahr größere Schnäbel haben. Das klingt seltsam, aber der Vogelschnabel ist nicht so statisch, wie man meinen möchte. Da die Meisen unterschiedliche Samen und Nüsse mit ihrem Schnabel bearbeiten, nutzt er sich ab und wird daher ständig erneuert.

Leben im Sozialverband

Sozialleben und Biologie der Kohlmeise sind wohl für die meisten unwichtig. Die Forschung hat sich jedoch viele Jahre damit beschäftigt. Beobachtet man Vögel am Futterplatz, wundert man sich oft über das Verhalten und die Interaktionen vieler Vögel. Die Kohlmeisen, die häufig zahlreich am Futterplatz erscheinen, erregen bald Aufmerksamkeit. Die dominanten Männchen bedienen sich ungeniert und bedrohen ihre Artgenossen, indem sie sich groß und auffällig präsentieren: Zuerst strecken sie den Kopf in die Höhe, richten sich auf und demonstrieren so die Größe ihres schwar-

zen Bauchstreifs. Gleichzeitig legen sie das Scheitelgefieder an, verbreitern den Nacken und versuchen, mit ihrem kontrastreichen Kopfmuster Eindruck zu schinden. Hilft das nicht, senken sie den Körper nach unten und breiten die Flügel aus, um noch imposanter zu erscheinen. Alle Kohlmeisen können auf diese Weise Blaumeisen oder andere Vögel beeindrucken. Nur Feldsperlinge lassen sich nicht so leicht einschüchtern, sondern picken ruhig weiter Samen. Die Blaumeisen verstehen die Drohung und reagieren mutig. Wenn sie nicht ein dominanteres Männchen als Gegner haben, behalten die Blaumeisen oft die Oberhand. Es gibt Charaktereigenschaften bei den einzelnen Kohlmeisen, die zum großen Teil angeboren sind. So schließen sich die untergeordneten Männchen häufig zu kleinen, recht stabilen Trupps zusammen, um nicht ständig von den dominanten Männchen verjagt zu werden. Die dominanten Männchen, die gewohnt sind, sich durchzusetzen, wechseln dagegen gern die Gruppe, um eine Umgebung zu finden, die ihnen auch im harten Winter genug Nahrung bietet.

Wenn Kohlmeisen im Herbst von einer Population abwandern – meist weil viele Nachkommen und ein schlechtes Nahrungsangebot zusammentreffen –, können interne Rivalitäten zunehmen. Dann verhalten sich die Vögel immer aggressiver. Das ist auch auf Gotland so, wenn in manchen Herbstmonaten große Scharen von Kohlmeisen aus östlicheren Brutgebieten hier einfallen. Der schwedische Name der Kohlmeise, »talgoxe« (Talgochse), und der norwegische Name »kottmeis« (Fleischmeise) deuten bereits auf den Appetit der Meisen auf tierische Fette und Proteine hin. Sie fressen gern Talgstückchen, aber auch Schlachtabfälle und sogar Aas, selbst von Vögeln. Es kommt zwar eher selten, aber immer wieder vor, dass sie andere Kleinvögel töten. Sie können sogar überwinternde Fledermäuse angreifen. Arttypisch ist ihr großes Anpassungsvermögen und die Fähigkeit, sich unkonventionelle Futterquellen zu erschließen. Die Tradition, hungrige Vögel im Winter zu füttern, geht vielleicht auf findige Kohlmeisen zurück, die Vorratsspeicher nach etwas Fressbarem durchsuchten.

Ein Vogel im Zimmer

Ein ins Haus verflogener Wildvogel ist sehr oft eine Kohlmeise. Auf der Suche nach Futter oder Schutz schlüpfen die Vögel immer wieder in enge Zwischenräume. Jeden Winter sehe ich sogar die eine oder andere rußgeschwärzte Kohlmeise, die einen Schornstein als Übernachtungsquartier gewählt hatte. Mitunter finde ich eine tote Kohlmeise auf dem Fensterbrett eines leeren oder nur zeitweilig bewohnten Hauses. Der Vogel hat sich zuletzt zusammengekrümmt, so dass die Rückenfedern gesträubt und die Flügel gesenkt sind, der Nacken ist gebogen. Das ist traurig und schön, denn so lassen sich die Übergänge der Farbtöne, der fein ziselierte Flügelfedersaum und das rabenschwarze und weiße Kopfmuster gut studieren.

Die Farbpalette der Kohlmeise

Allbekannt ist die gelbe Unterseite der Kohlmeise, aber welches Gelb ist das? Beim Vergleich verschiedener Vögel variiert das Gelb beträchtlich. Manche Männchen haben ein helles Kadmiumgelb, andere einen blassen schmutziggelben Ton. Oft wird bei den Männchen das Gelb an der Brust zu den Flanken hin heller, um danach überraschend auf den hinteren Flanken in ein helles Graublau überzugehen, nicht aber in einen Grünton. Bei jungen Weibchen sind die Gefiederfarben weniger gesättigt, das Gelb wird zu unterschiedlichem Schmutziggrün, wenn das Licht nicht direkt auf die Brust fällt. In unserer Wahrnehmung sehen wir aber die Unterseite gelb und nennen sie auch so, unabhängig davon, was die Netzhautzellen signalisieren. Für einen Künstler mit dem Ehrgeiz, den Gesamteindruck einzufangen, ist dieses Gelb ein Rätsel. Man kann es nur mit Palette und Pinsel lösen, wenn überhaupt. Ich habe es oft ohne Erfolg versucht.

Die Männchen, vor allem die älteren, zeigen auf den Flügeln einen deutlich graublauen Ton, der zum vielfarbigen Aussehen beiträgt. Den Weibchen fehlt der blaue Anflug oft, die Flügel erscheinen grauer oder grüngrauer, weshalb man sie eher als zweifarbig wahrnimmt – mit einem Körpergefieder in Gelb und Grün. Der Rücken variiert ebenfalls, so dass die Vögel mit dem meisten Gelb auch einen kräftiger gelbgrünen Nacken aufweisen. Die Flügelbinde ist häufig gelblich, speziell nach der Mauser im Herbst, zum Frühling hin wird sie oft weißlich. Weibchen haben auch eine schmalere untere Einrahmung der weißen Wangen, mitunter ist sie fast unterbrochen. Der Scheitel der Männchen glänzt in Preußischblau. Der Ton wiederholt sich an der Kehle, das Band auf der Brust ist jedoch rabenschwarz. Der Glanz des Scheitels ist bei Weibchen schwächer und fehlt meist auf der Kehle, die eher mattschwarz erscheint.

Grüngold aus dem Malkasten
Neutralgrau
(weiß und elfen-
beinschwarz)
Winsorgrün (gelb getönt)
Permanent-Saftgrün
im Ton am ähnlichsten
dem flauschigen Hinter-
rücken
Olivgrün
Grüngold
Grünerde (gelbe Nuance)
Terre verte

24. 1. 2015
Kohlmeisenweibchen,
Flügelbinde matt,
ohne leuchtendes Weiß,
kein Blau
Weibchen mit
grauem Scheitel
und düster
getönter Brust
Weibchen mit ungewöhn-
lich breitem Bauchstreif
Weibchen

adultes Kohlmeisenmännchen, farbenfroh, vielfarbig mit blauem Anflug

der Gelbton des Nackens findet sich in der Brustfärbung wieder

Männchen

Kohlmeisenmännchen mit hellen hinteren Flanken, tendieren zu einem kalten Weiß

Das Innenmuster der Armschwingen und vor allem der inneren Schirmfedern bildet oft eine schöne Zeichnung, wenn man den Vogel von hinten betrachtet. Wo sich die Schirmfedern im gefalteten Flügel berühren, schaffen die hellen Außenfahnen und grauen Einbuchtungen eine charakteristische, für viele Sperlingsvögel typische Zeichnung. Die geringen Variationen in der Art, wie die Flügel überlappen oder getrennt werden, schaffen ständig wechselnde Muster. Man fühlt sich an einen Stoff erinnert, dessen geometrisches Dessin sich bei jeder Bewegung ändert. Es ist schwer, ähnliche Muster und Lichteffekte abzubilden, ohne dass die Oberseite unnatürlich aussieht. Dies schaffe ich oft nicht, deshalb ist die Kohlmeise eines meiner schwierigsten Modelle. An einem toten Männchen, das gegen mein Fenster geflogen war, konnte ich die Flügelzeichung und ihre verschiedenen Farbschattierungen genau studieren. Bei der Untersuchung der Schirmfedern war ich aber am meisten überrascht über den grauen Ton auf dem Hinterrücken, den man eigentlich im Feld nie sieht. Es war ein wunderbar tiefes Grau mit Blau- und Rotstich – schwer zu beschreiben, aber in jedem Fall kein Neutralgrau.

Altersbestimmung

äußere Steuerfedern

Kohlmeisen mausern im Sommer. Die Altvögel tauschen dann alle Federn inklusive der Schwungfedern. Jungvögel mausern die Körper- und Kopffedern sowie die Deck- und Schirmfedern des Armflügels, behalten aber die übrigen juvenilen Flügel- und Schwanzfedern. Im Winter fällt es oft schwer, jüngere Vögel zu erkennen – bis auf die Vögel mit den gedämpfteren Farben, die fast ausnahmslos jüngere Weibchen sind. Jüngere Männchen weisen häufig einen Farbkontrast zwischen den juvenilen grünblauen Großen Handdecken und den frisch gemauserten graublauen Großen Armdecken auf, bei den Weibchen ist er selten deutlich. Dies ist oft ein wichtiges Kriterium zur Altersbestimmung im Herbst, wenn man den Vogel in der Hand hat. Ich habe viele Stunden mit dem Fernrohr beobachtet, um die Altersstufen zu unterscheiden. Bei den Blaumeisen ist der Unterschied zwischen den neuen frischen Schirmfedern und den abgetrageneren Armschwingen zu sehen, aber bei jungen Kohlmeisen ist dies nur mit Hilfe scharfer Fotografien von einem bestimmten Blickwinkel aus möglich. Wer sich für das Gefieder der Vögel interessiert, wird von dieser Perfektion beeindruckt sein.

Zeichnung der Schirmfedern

Paradepferd für Populationsstudien

Vermutlich ist die Kohlmeise die bekannteste Meise. Die Kombination aus großer Häufigkeit, Vertrautheit mit dem Menschen und Erfindungsreichtum bei der Nahrungssuche macht sie so beliebt, auch wenn die Blaumeise vielleicht etwas charmanter ist. Im Volksmund hat die Kohlmeise viele lokale Namen. Auch war sie dafür bekannt, dass sie im Herbst nach dem Schlachten zu den Bauernhöfen kam, um sich am Speck und Talg zu bedienen. Deshalb heißt sie im Schwedischen, wie bereits erwähnt, »talgoxe«.

Die Kohlmeise ist außerdem eine der besterforschten Arten hinsichtlich ihrer Populationsbiologie. Vielleicht geht das meiste, was wir über Anzahl, Überlebens- und Brutstrategien von Kleinvögeln wissen, auf Studien an Kohlmeisen zurück. Das begann zuerst in Holland, später hat David Lack groß angelegte Untersuchungen am Edward Grey Institut für Feldornithologie durchgeführt. Er startete 1947 ein umfangreiches Forschungsprojekt in Wytham Wood bei Oxford. Mit den Jahren wurden dort Hunderte Doktorarbeiten über höhlenbrütende Vögel angefertigt. Wahrscheinlich beschäftigten sich allein ein Dutzend Doktoranten mit den Nistkästen in den Laubwäldern hier auf Südgotland, in denen Kohl- und Blaumeisen sowie Halsbandschnäpper brüten. Inzwischen sind die Höhlenbrüter viel intensiver erforscht worden, als die meisten ahnen. In einem optimalen Habitat wie einem älteren Laubwald mit vielen Eichen können in guten Jahren bis zu 30 Paare Kohlmeisen auf zehn Hektar brüten. Im Vergleich dazu benötigt ein kleiner Trupp Weidenmeisen mit einem Brutpaar 25 Hektar. Die Kohlmeise ist auch unangefochtene Nummer eins bei der Wintervogelerfassung am Futterplatz, man schätzt den Bestand in Schweden auf über zweieinhalb Millionen Brutpaare. Wie bei den Blaumeisen machen Raupen, die sich in jungen Laubblättern entwickeln, den Großteil der Eiweißnahrung für die Kohlmeisenbrut aus. Nach der Brutsaison gibt es sehr viele junge Kohlmeisen, die entweder im heimatlichen Wald bleiben oder abwandern. Viele von ihnen sterben, bevor sie ein Revier gegründet haben. Ihre Überlebensrate im Herbst und Winter hängt in England und Holland vom Angebot an Bucheckern ab. Außerhalb der optimalen Eichen- und Buchenwälder decken sie ihren Bedarf in dieser Zeit mit den kalorienreichen Samen anderer Bäume und Kräuter. Wie andere Meisen forschen auch Kohlmeisen in Ritzen und Verstecken der Bäume nach überwinternden Insekten und Spinnen. Außerdem suchen sie oft am Boden nach Nahrung, was für die übrigen Meisen eher ungewöhnlich ist.

Finnische Nadelwaldmeisen

Obwohl Kohlmeisen normalerweise Standvögel sind, gibt es jeden Herbst Wanderbewegungen. In manchen Jahren ist der Zuzug aus den nördlichen und östlichen Brutgebieten besonders groß. Im Spätwinter 2015 zählte ich 200 Kohlmeisen an meiner Fütterung – und zwar zu einer Zeit, als die ansässigen Vögel ihre Brutreviere bereits abgesteckt hatten. Deshalb studierte ich diese Neuankömmlinge genauer, und ich entdeckte einige abweichende, farblosere Vögel. Der Sättigungsgrad der gelben Farbe auf der Unterseite sowie der Farbe von Rücken und Nacken unterscheidet sich normalerweise bei den einzelnen Vögeln. Diese Meisen waren jedoch besonders blass und hatten außerdem eine graue Zeichnung auf dem hinteren Scheitel, die ich nicht kannte.

Möglicherweise entstehen diese Pigmentunterschiede, weil die Kohlmeisen in reinen Laubwäldern im Vergleich zu Nadelwäldern über die gelbgrünen Raupen mehr Karotinoide aufnehmen können. Im April des gleichen Jahres sah ich bei einem Besuch im Nordosten Finnlands im Nadelwald genau diese farblosen Kohlmeisen. Es waren also höchstwahrscheinlich Vögel von Nordost-Finnland oder Russland, die ich an meinem Futterplatz gesehen hatte.

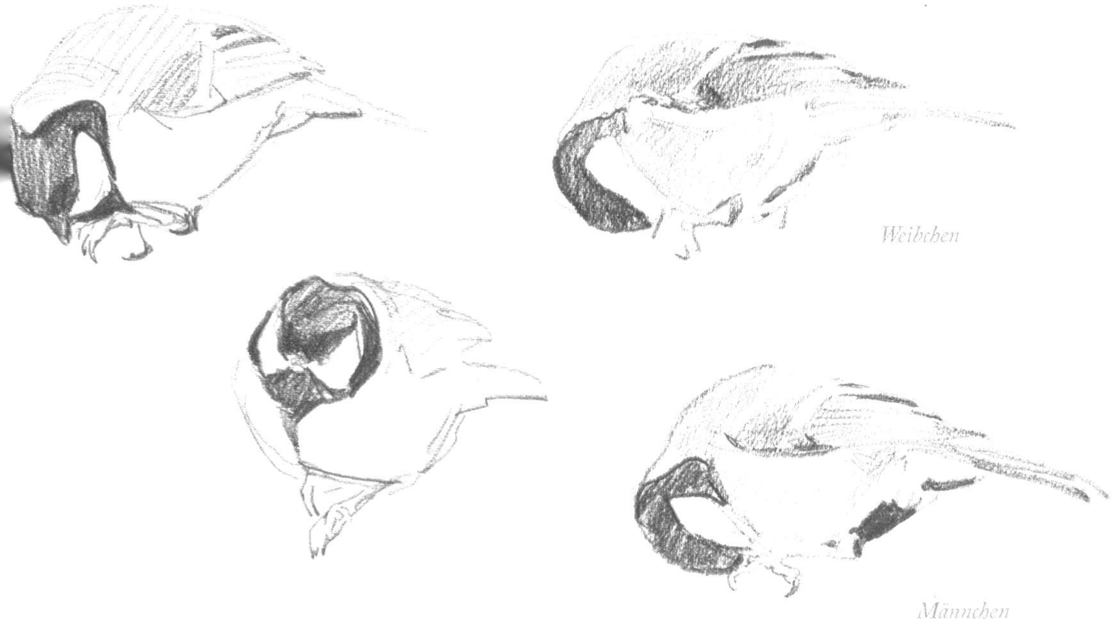

Großes Lautrepertoire

Kohlmeisen sind für viele irreführende Laute in ihrem Ruf- und Gesangsrepertoire bekannt. Sie imitieren anscheinend gern andere Vogelarten, wobei die talentiertesten Männchen auch die lautfreudigsten sind. Sogar erfahrene Ornithologen sagen, dass ein unbekannter Vogelruf oder -gesang im Wald wahrscheinlich eine Kohlmeise ist. Ganz so ist es wohl nicht, denn die meisten Laute sind an ihrem typischen Kohlmeisen-Charakter zu erkennen. Oft hört man einen munteren zwei- oder dreisilbigen Ruf, der aus ein oder zwei unterschiedlich zusammengesetzten Silben besteht: »pink-pink«, »tsüi-tschi-tschi« oder »hüit hiit«, mitunter auch ein explosives »Pitch-ittitt« oder ein einsilbiges »Tsiit«. Bei Aufregung oder Gefahr ist ein schnarrendes »Cherr-cherr-cherr« zu hören. Kohlmeisen beginnen manchmal schon Anfang Januar zu singen. Diese allbekannten »läutenden« Strophen bestehen meist aus zwei- bis dreisilbigen Motiven, die vier- bis fünfmal rhythmisch wiederholt werden, wie »TI-TI-FÜH«oder »TIT-SÜI«. Sie können aber auch ganz anders klingen.

TANNENMEISE

Periparus ater

DIE TANNENMEISE ist mit etwa neun Zentimeter Länge die kleinste Meise. Auch wenn sie ein paar Gramm mehr wiegt als die Schwanzmeise, wirkt sie doch sehr klein und kurz. Zudem bewegt sie sich wie ein Goldhähnchen flink und rastlos in den Nadelzweigen. An Fütterungen, die in der Nähe eines Nadelwaldes liegen, erscheint sie regelmäßig. In der Farbverteilung ähnelt sie der Kohlmeise sehr, und daher möchte man als Feldornithologe beide Arten miteinander vergleichen. Wer Kohlmeisen kennt, beschreibt die Tannenmeise als sehr kleine, farblose Kohlmeise. Früher führte man beide Arten in der Gattung *Parus*, inzwischen hat die Tannenmeise jedoch eine eigene Gattung, *Periparus*, bekommen. In ihrem Erscheinungsbild steht sie zwischen Kohlmeise und den beiden Graumeisen. Bei näherer Betrachtung fällt der längliche weiße Nackenfleck auf. Der Körper ist insgesamt ziemlich farblos, daher sticht das Kopfmuster sofort ins Auge – so wird der Vergleich mit einer kleinen Kohlmeise verständlich. Ich muss zugeben, dass es mir schwerfällt, ihre Umrisse zu zeichnen, denn der kleine Vogel wirkt unproportioniert, er besitzt aber trotzdem viel Typisches.

Der rabenschwarze Scheitel glänzt zart grünblau, das Weiß der Wangen setzt sich auf den Halsseiten fort. Erregte Vögel richten auf dem Scheitel oft eine kleine Haube auf. Den weißen Nackenfleck erkennt man nicht, wenn man den Vogel im Profil sieht. Bei der Kohlmeise sind die weißen Wangen schwarz eingerahmt, dagegen erscheint die schwarze Kehle bei der Tannenmeise wie ein großer Kehllatz mit seitlichen Fortsätzen, die sich oft in Form von schmalen, dunklen »Hosenträgern« an den Brustseiten herabziehen – verborgen unter den obersten Federn. Dieses Muster variiert von Vogel zu Vogel und je nach Blickwinkel. Die Graufärbung auf dem Rücken weist keinen grünen Anflug auf, sie kann jedoch in unterschiedlichem Licht etwas nach Blau oder Lila tendieren, aber sie ist vor allem grau. Die Unter-

seite ist heller, zeigt allerdings stets einen graubeigen Ton, der im frischen Herbstgefieder stärker gesättigt und klar erscheint. Mitunter können die Brustseiten am Flügelbug etwas in einem warmen Ockerton leuchten. Die Flügel zieren zwei weiße Binden, die vordere bildet ein kleines Perlenband.

Abhängig von Nadelwald

Die Tannenmeise ist hauptsächlich ein Nadelwaldvogel, sie lebt aber auch in Mischwäldern. In der Literatur steht, die Art käme auf Gotland auch im Laubwald vor und hätte demnach die Nische der Sumpfmeise eingenommen. Ich habe dieses Phänomen jedoch nie beobachtet. Da diese Vögel im Großteil ihres Verbreitungsgebiets auf das Samenangebot von Fichten und Kiefern angewiesen sind, wandern sie in manchen Jahren in großer Zahl ab und sammeln sich dann an Landzungen und anderen Brennpunkten des Kleinvogelzugs – allerdings nur im September und Oktober. In Schweden brüten jedes Jahr rund 400 000 Paare.

In vielen Wäldern meiner Heimatinsel Gotland sind Tannenmeisen häufig, jedoch halten sie sich, mit Ausnahme von größeren Herbstzugbewegungen in manchen Jahren, kaum in offener Landschaft auf. Sie kommen weder an meine Fütterung vor dem Atelier noch daheim, wo ich allerdings weniger regelmäßig füttere. Unser Haus liegt etwa 500 Meter von einem Kiefernwald entfernt, mein Atelier einen Kilometer weiter. In Jahren mit stärkeren Zugbewegungen habe ich die Meisen einige Male daheim im Garten angetroffen, jedoch lassen sich die standorttreuen Paare kaum aus dem Dunkel des Nadelwaldes locken. Mitten im Wald hört man sie meist zuerst, vor allem im Kronenbereich, und es ist nicht leicht, sie längere Zeit im Auge zu behalten.

Der Schnabel ist im Vergleich zu dem anderer Meisen etwas spitzer. Er ist ein spezielles Werkzeug, um die Samen aus Fichten- und Kiefernzapfen herauszuholen, eignet sich aber genauso gut als Insektenpinzette: Tannenmeisen erbeuten im Vergleich zu anderen Meisen meist kleinere Insekten, beispielsweise Blattläuse. Aufgrund ihrer geringen Körpergröße und mit Hilfe des spitzen Schnabels können sie die äußeren Bereiche der Zweige besser absuchen. In den gemischten Kleinvogeltrupps verhalten sie sich teilweise wie Wintergoldhähnchen. Tannenmeisen hamstern während des Sommerhalbjahres Fichten- und Kiefernsamen, Insektenlarven, Spinnen und Blattläuse und verstecken sie am Grund von Nadelbüscheln und in trockenen männlichen Fichtenblüten.

In ihren Lautäußerungen weist die Tannenmeise eine etwas wehmütige und nicht so explosive und schneidende Tonqualität auf wie andere Meisen. Oft hört man während der Nahrungssuche klare, leicht gedehnte »tüh«- oder »ti-tjü«-Rufe. Bei stärkerer Erregung steigern sie sich zu hastigerem »Petji-tjü« oder »Ti-tjü«. Viele Rufe und der Reviergesang erinnern in ihrer Struktur auffällig an Kohlmeisen. Die Stimmlage der Tannenmeise ist jedoch höher, spitzer und etwas kraftloser. Der Gesang besteht aus einer schnellen, klaren, hellen Folge von zwei- bis dreisilbigen Pfeifmotiven: »pete-tjü, pete-tjü, pete-tjü …« oder »tit-tsiü, tit-tsiü, tit-tsiü …«.

HAUBENMEISE

Lophophanes cristatus

DIE HAUBENMEISE ist die am stärksten auf Nadelwald spezialisierte Meise, sie kommt nur dort vor, wo es älteren Kiefern- oder Fichtenwald gibt, wobei sie Kiefernwald vorzieht. Im Zentrum von Norrland wird sie nach Norden zu selten, in den fjällnahen Kiefernwäldern fehlt sie ganz. Ihr Verbreitungsareal ist auf Europa beschränkt, im Westen reicht es bis zur Iberischen Halbinsel. In Schweden kommt sie am häufigsten im Osten der beiden südlichen Landesteile Götaland und Svealand vor. Auf den Inseln Gotland und Öland fehlt sie, was aber nicht überrascht, sondern von ihrer Ortstreue zeugt. In Schweden schätzt man die Anzahl auf etwa 400 000 Paare, was etwa der Zahl der Tannenmeise entspricht. Haubenmeisen trifft man aber viel seltener an Fütterungen an, da sie ihren Heimatwald nur ungern verlassen. Bei der Wintervogelzählung im Januar kam diese Art einmal auf den letzten Platz der 30 häufigsten Futterplatzbesucher.

In seinen Vogelkolumnen von 1921 schrieb der naturinteressierte Zeitungsmann Oscar Reinhold Ericson unter dem Pseudonym Reinhold Winter alias Regulus, dass die Haubenmeise genügsam, fröhlich, arglos und heimattreu sei. Die Kolumne zeichnete sich durch ziemliche Vermenschlichungen aus, aber im Fall der Haubenmeise geht das fast allen so. Ihr angenehm rollendes, fast aufmunterndes »Pürüllüllütt« wird als fröhlich bezeichnet. Ich freue mich immer, wenn ich diesen Ruf vernehme, und bin gespannt, die Haubenmeise zu sehen. Ganz aus der Nähe kann man auch spitze »zitt«-Rufe hören. Die Federhaube und die deutliche Zeichnung verleihen der Haubenmeise einen eigenen Gesichtsausdruck, der ganz anders ist als bei jeder anderen Meise oder Kleinvogelart. In der Gattung *Lophophanes* gibt es neben der Haubenmeise nur noch eine weitere Art, die Grauhaubenmeise *(Lophophanes dichrous)*, die im Himalaja und im östlichen China vorkommt.

Besucht keine Haubenmeise Ihren Futterplatz und wollen Sie trotzdem eine aus der Nähe sehen, imitieren Sie in einem Wald, in dem beide Arten leben, einen Sperlingskauz. Es dauert meist nicht lange, bis zuerst Weidenmeisen und dann Haubenmeisen herankommen, um mit energischen Warnrufen die vermeintliche Gefahr zu erkunden. In dieser Situation richtet die Haubenmeise ihre Federhaube auf und streckt den Hals. Aus der Nähe erkennt man den schönen rotbraunen Farbton der Iris, der unter Meisen einzigartig ist. Das komplizierte Kopfmuster mit schwarzem Band und Kommazeichen über die Wangen scheint eines der vielen schwer zu begreifenden Muster in der Natur zu sein. Jedoch hat es eine spezielle Funktion, die mein Malerkollege Dan Zetterström als Erster erkannte: Die Haubenmeise hat ein sogenanntes Okzipitalgesicht. Wenn sie einen Zapfen bearbeitet oder sonst ihre Aufmerksamkeit nach hinten vernachlässigt, schützt sie ein Muster im Nacken, das einem Gesicht ähnelt. Der Sperlingskauz, ihr Todfeind, hat ebenfalls ein falsches Gesicht im Nacken, um selbst vor größeren Greifvögeln und Eulen geschützt zu sein. Wenn der Angreifer glaubt, sein Beutetier erblickt ihn, sieht er vielleicht von der Attacke ab.

Der Gesang besteht meist aus dem typischen Lockruf, dem ein hohes, spitzes »Si si« vorangeht. Mitunter wird die kurze, rollende Tonreihe alternierend in schneller Folge wiederholt. Ihre Tonlage wechselt dabei leicht. Das Adjektiv heimattreu ist bei der standorttreuen Haubenmeise durchaus berechtigt. Hat man eine Meise in einem bestimmten Waldgebiet gehört, ist die Chance groß, sie beim nächsten Besuch wieder zu hören. Größere Wanderbewegungen der Jungvögel sind nicht erkennbar.

Als Nadelwaldbewohner sind Haubenmeisen ein fester Bestandteil der Kleinvogeltrupps im Wald, zusammen mit Tannen- und Weidenmeisen bilden sie oft den Kern der Gruppe. Sie suchen ihre Nahrung vor allem im mittleren Abschnitt der Zweige, während Weidenmeisen die stammnahen und Tannenmeisen die äußeren Bereiche absuchen. Die Winternahrung besteht hauptsächlich aus gehamsterten Kiefern- und Fichtensamen sowie überwinternden Insekten und deren Larven, die in Ritzen der Zweige verborgen sind oder die in Depots gehortet werden. Im Sommerhalbjahr verzehren Haubenmeisen vorwiegend Insekten und Spinnen. Samen werden oft zwischen den Flechten entlang des mittleren Zweigabschnitts versteckt und nicht selten noch mit kleinen Flechtenstücken »getarnt«.

SUMPFMEISE

Poecile palustris

MEINEN ersten Bestimmungsfrust hinsichtlich der beiden Zwillingsarten Sumpf- und Weidenmeise erlebte ich mit einem Buch von Nils Linnman. Es stammte aus den frühen 60er-Jahren und zeigte etwa 50 unserer häufigsten Vogelarten als Stopfpräparate auf Fotos. Auf einer Seite gab es zwei Präparate von Weiden- und Sumpfmeise, die sich kaum unterschieden. Beide waren auf einem trostlosen Ast vor neutralem Hintergrund montiert, und man kann sich gut vorstellen, dass sie einen hoffnungsvollen Jungornithologen erheblich herausforderten. Ich bat meinen Vater, mich zu prüfen, und er war erstaunt, dass ich beide – obwohl bis auf das i-Tüpfelchen gleich – unterscheiden konnte. Linné dachte noch, dass sie zur selben Art gehören. In Schweden beschrieb erstmals Wilhelm Liljeborg in den Abhandlungen der Königlichen Wissenschaftsakademie von 1850 die Weidenmeise als eigene Art (Graumeise) und unterschied sie von der Sumpfmeise, die Linné bereits beschrieben hatte. Ob alle typischen Merkmale auf den Bildern erkennbar waren, weiß ich nicht mehr. Genauso gut könnte ihre Seitenplatzierung meinen Bestimmungserfolg ermöglicht haben.

Als ich danach auf eigene Faust alle Stockholmer Waldgebiete von Hökarängen im Norden bis Ågesta im Süden durchforschte, zeigte sich, dass ich bei der Bestimmung kaum größere Probleme hatte. Das schrieb auch Erik Rosenberg in seinem Buch »Fåglar i Sverige«, das bald Linnmans veralteten Band ersetzte. Meist erkannte ich die Arten an ihren Lautäußerungen, lange bevor ich diese »eineiigen Zwillinge« im Fernglas beobachtete. Es wurden allmählich ganz gewöhnliche Arten, die stets in den Wäldern meiner Jugend vorkamen, aber ich fertigte nie umfassende Feldstudien ihrer Gefiedermerkmale an, jedenfalls soweit ich mich erinnere.

Als ich mich für dieses Buch mit einigen Arten, die in der gotländischen Avifauna fehlen, erneut intensiver befasste, zeigte sich, dass die

Sumpfmeise inzwischen in meiner Heimat Södertörn südlich von Stockholm abgenommen hat. Das gilt generell für ganz Schweden – in den letzten 30 Jahren haben sich nach den Einschätzungen im Buch »Fåglarna i Sverige« der schwedischen Ornithologischen Vereinigung die Bestände sogar halbiert. Überraschenderweise lebt die Hälfte der schwedischen Sumpfmeisen in der Provinz Småland. Grund für den Rückgang der Meisen könnte sein, dass wir immer weniger Laubwälder mit reichlich Unterwuchs, absterbenden Laubbäumen und Sumpfgebieten haben. Vielleicht reduzieren auch zu viele Huftiere den Kräuterbestand an Waldrändern. Eine schlüssige Erklärung gibt es jedoch nicht. Die Sumpfmeise sucht oft in der Kraut- und Bodenschicht Nahrung, was die Weidenmeise nur selten tut. Die Bestände haben sich jedoch im letzten Jahrzehnt stabilisiert, und ihre Anzahl wird auf etwa 120 000 Paare geschätzt.

Die schlichteste Meise

Als ich im Herbst 2013 zum ersten Mal nach vielen Jahren eine Sumpfmeise an einer Fütterung in Södertörn studierte, reagierte ich, als stände ich vor einer Rarität. Ich notierte sorgfältig alles Typische und das Verhalten und versuchte, Farbabstufungen und den Gesichtsausdruck genau zu erfassen. Es regnete in Strömen, und das Zeichnen fiel nicht leicht. Die Sumpfmeise war so klein wie eine Blaumeise, aber ihre Gestalt erinnerte mich irgendwie an eine kleine Kohlmeise, nicht an die »putzige« Weidenmeise. Zunächst begutachtete sie den Futterplatz aus größerem Abstand. Feldsperlinge drängelten sich auf dem Futterbrett, sie nutzte rasch eine Lücke und sammelte eilig ein paar Hanfsamen, die sie im Schnabel aufreihte. Als ein Feldsperling sie wegjagte, klammerte sie sich an der Brettkante fest, um gleich darauf den letzten Samen zu ergattern, als hätte sie beschlossen, nur voll bepackt zurück ins Dickicht zu fliegen. Als ich nach Gotland zurückkam, schaute ich im Buch von Rosenberg nach – um festzustellen, dass sich das Verhalten der Sumpfmeise offenbar seit 1953 nicht verändert hatte. Er schrieb nämlich, dass es ihre Eigenart sei, drei bis vier Samen auf einmal in den Schnabel zu nehmen, und dass sie sehr friedliebend sei. Wenn es an der Futterstelle Gedränge gibt, wartet sie in der Nähe, um im richtigen Augenblick blitzschnell »zuzuschlagen«. Es ist also arttypisch, den Schnabel voll zu nehmen, um für kurze Zeit fortzufliegen und die Samen rasch zu verzehren oder im Lieblingsbaum zu verstecken. Rosenbergs außerordentliche Zuneigung zu den Vögeln drückt sich in folgendem Zitat aus: »Obwohl im Aussehen die schlichteste unter den Meisen, wird die Sumpfmeise bei näherer Bekanntschaft gern zur großen Favoritin.« Dieser Satz stachelte meine Neugierde an, und ich habe seither nicht versäumt, bei jeder Gelegenheit nach Sumpfmeisen in mittelschwedischen Biotopen zu suchen. Wenn Sie abseits von Großstädten in Ihrem Garten Vögel füttern, werden Sie diese Art wohl täglich sehen.

Als Gotländer habe ich jedoch selten Kontakt mit dieser »schlichten« Meise. Trotzdem glaube ich, dass sie in geeigneten Lebensräumen recht häufig vorkommt, aber sie erscheint stets einzeln oder paarweise. Feldgehölze, Einzelbäume oder Baumreihen in der Kulturlandschaft besucht sie ebenfalls. Wenn sie einen Baum oder das Gezweig absucht, wirkt sie weniger hektisch als die Weidenmeise. Zudem untersucht sie Verstecke in

Flechten und Ritzen methodisch und gründlich und fliegt auch öfter in die Bodenvegetation. Der Schnabel erscheint etwas kräftiger und der Körper besser proportioniert. Der schwarze Scheitel zeigt einen Glanz, der der Weidenmeise fehlt, der Nacken wirkt weniger füllig.

Wacholdermeise

Die Sumpfmeise heißt heute in Schweden »entita« (Wacholdermeise). Früher wurde sie »kärrmes« genannt, was Sumpfmeise bedeutet und besser zu ihrem Vorkommen passt – von Weiden umgebenes, nährstoffreiches Niedermoor, obwohl einige Meisenarten auch Wacholderbeeren verzehren. In Dänemark heißt sie »sumpmejse« und in Norwegen »løvmeis« (Laubmeise). Ihr neuerer schwedischer Namen »entita« ist wohl als Anpassung an den Namen der Zwillingsart, »talltita« (Kiefernmeise), zu verstehen, denn »Sumpfmeise« und »Kiefernmeise« empfindet man als zwei Arten, die nicht näher verwandt sind, während »Wacholdermeise« und »Kiefernmeise« auf die nahe Verwandtschaft hinweisen. Noch komplizierter wird es, wenn man auf Kontinentaleuropa blickt, denn dort ist die Weidenmeise oberseits brauner und kommt häufig an Moorrändern vor. Die beiden Graumeisen haben in den letzten Jahren zusammen mit anderen nahestehenden Arten wie die Lapplandmeise eine eigene Gattung, *Poecile*, erhalten. Früher wurden sie der Gattung *Parus* zugerechnet.

Die Bezeichnung »tita« ist wahrscheinlich lautmalerisch, bezieht sich also auf die Lautäußerungen, wobei wohl eher der wehmütige Gesang der Weidenmeise gemeint ist. Die Stimme der Sumpfmeise ist klarer und weniger nasal und erinnert eher an die Kohlmeise. Der Gesang, ein schnell wiederholtes »Tjipp-tjipp-tjipp-tjip«, lässt in der Klangfarbe sogar an einen Grünfink oder Haussperling denken. Die Lautäußerungen sind im Vergleich zur Weidenmeise generell schneidender. Die Sumpfmeise lockt und sucht Aufmerksamkeit mit einem explosiven »Pitsi tjipp tje tje tje«, die letzten drei Silben unterscheiden sich stark vom heiseren »TÄÄH« der Weidenmeise.

Sumpfmeise

Weidenmeise

Weidenmeise, Mitteleuropa

Lapplandmeise

WEIDENMEISE

Poecile montanus

DIE WEIDENMEISE ist eine Zwillingsart der Sumpfmeise, und Ungeübte werden beide Arten kaum auseinanderhalten können. Sie sind gleich groß, überwiegend grau (»Graumeisen«), ferner schwarz an Scheitel und Kehle und haben scharf abgesetzte weiße Wangen. Die Weidenmeise erscheint oft etwas »flauschiger« oder »stiernackiger« als die Sumpfmeise. Sie sieht aus, als hätte sie einen größeren Kopf und Schwanz als die Vergleichsart, das heißt, der Körper wirkt etwas kleiner. Wenn das Gefieder leicht aufgeplustert ist, bleibt für den Rücken sehr wenig Platz zwischen den Flügeln.

Das wichtigste Merkmal sind ihre reineren, neutraleren Farbtöne ohne den wärmeren, bräunlichen Anflug der Sumpfmeise. Sie ist eher schwarz, weiß und grau gemustert und hat ein hell grauweißes Armschwingenfeld, das von den breiten, hellen Säumen der Außenfahnen gebildet wird. Dieses Feld ist meist am einfachsten zu sehen und taugt gut als Bestimmungsmerkmal. Die Unterseite ist generell grauweiß, aber nicht selten sind die Flanken wärmer getönt wie manche Birkenrindenstücke. Dieser Ton verbleicht jedoch in der Frühlingssonne leicht und ist auf Fotos kaum zu erkennen. Die Vögel im hohen Norden haben eher weiße Flanken, die südlichen Vögel tendieren auf ihren hellen Partien zu einem wärmeren Ton. Der schwarze Scheitel ist matt und erstreckt sich auf dem Nacken weiter nach hinten. Der schwarze Kehlfleck erscheint nicht immer größer als bei der Sumpfmeise, speziell von der Seite, ist aber weniger abgesetzt gegen die Brust und kann sich zu den Brustseiten hin ausdehnen. Die Größe des Latzes variiert individuell und jahreszeitlich. Unter dem schwarzen Kehlfleck befindet sich ein größeres Feld schwarzer Federn mit hellen Außenfahnen, es tritt unter bestimmten Blickwinkeln deutlich hervor. Im abgetragenen Gefieder des Vorsommers ist der Fleck oft auffälliger und breiter als bei der Sumpfmeise. Die dominanten Männchen haben im Durchschnitt einen größeren Fleck

als Weibchen und jüngere Vögel. Der Schwanz der Sumpfmeise erscheint gerade abgeschnitten, er zeigt einen gleichmäßig braungrauen Ton. Dagegen wirkt der Weidenmeisenschwanz mit dunkler Mitte und silbergrauen Außenkanten welliger. Die äußeren Steuerfedern sind kürzer, was manchmal auffällt, wenn man den Schwanz von unten sehen kann. Das weiße Feld hinter den Ohrdecken oder die Verlängerung der Wangen auf dem Hals ist reiner weiß, aber manche Vögel zeigen hier einen leicht warmen Ton. Bei der Sumpfmeise besteht meist ein kleiner Unterschied zwischen dem reineren Weiß der Wangen und der Partie dahinter mit leicht beigem Anflug. Auch wenn sie im selben Wald vorkommen, sieht man beide

Fichtensamen

Arten nur ausnahmsweise Seite an Seite. Die Weidenmeise begibt sich selten mehr als ein paar Meter vom Waldrand weg, während die Sumpfmeise häufig Gärten, kleine Gehölze und Baumreihen im Kulturland aufsucht.

Die Lautäußerungen der Sumpfmeise ähneln oft denen von Kohl- und Blaumeise, dagegen können die der Weidenmeise sogar lautes Rauschen durchdringen. Bei drohender Gefahr sind sie im Winterwald oft auffallend. Meist macht zuerst die Weidenmeise mit gedehnten, nasalen und erstaunlich lauten »tsi-tsi TÄÄH-TÄÄH TÄÄH«-Rufen darauf aufmerksam. Man hört auch häufig kurze, schwache »ti«- oder »ti ti«-Rufe, wenn der Trupp Nahrung sucht. Richtig erregt warnt die Weidenmeise mit einem scharfen »Spitt spitt« oder forciert »Sisisisi«. Beide Geschlechter singen eine etwas wehmütige Pfeifstrophe, die bedächtig drei- bis viermal wiederholt wird, »THÜ-THÜ-THÜ«, und stark an einen der beiden Strophentypen oder den Lockruf des Waldlaubsängers erinnert. Daneben hört man auch ein ziemlich vokalarmes, rollendes »Tze tze tevyrr eürr«, das klingt, als ob man die Strophe rückwärts abspielt.

In Schweden ein Waldvogel

Im Norden erleben wir die Weidenmeise als einen ausgeprägten Waldvogel mit weiter nach Norden reichender Verbreitung. Die Unterart, die hier brütet, heißt folgerichtig *borealis*. Sie besiedelt die Wälder bis zu den Fjällbirkenhängen, wo sie langsam in die Weidenregion übergehen. Das Verbreitungsareal folgt dem nördlichen Nadelwaldgürtel der Taiga durch ganz Eurasien. Das Bild der Weidenmeise als nordische Art verstärkt sich dadurch, dass die Sumpfmeise auf die südliche Hälfte Schwedens begrenzt ist. Die Weidenmeise kommt zwar im ganzen Land vor, jedoch häufiger in Gebieten mit zusammenhängendem Nadelwald. Die Bestände haben in Schweden in den letzten 30 Jahren zwischen 20 und 50 Prozent abgenommen. Seit etwa zehn Jahren sind die Zahlen allerdings stabil, in den südlichen Provinzen konnten die Bestände sogar leicht zunehmen – vielleicht, weil dort die Laubwälder vielerorts durch Fichtenpflanzungen ersetzt wurden. Man schätzt die schwedischen Bestände auf rund 800 000 Paare. Weidenmeisen kommen in wärmer braun getönten Unterarten auch in Mitteleuropa vor. So lebt in den Alpen die »Alpenmeise«, die Nominatform *montanus*. Diese Unterart wurde zuerst beschrieben und verhalf der Weidenmeise zu ihrem wissenschaftlichen Artnamen *montanus*. Kontinentale Weidenmeisen gibt es auch im südlichen Dänemark, wo sie in ihrer Tonlage mehr an die Sumpfmeise erinnern, aber ebenfalls das helle Flügelfeld besitzen. In England und Teilen Westeuropas lebt die noch wärmer getönte Unterart *kleinschmidti*. In Norwegen heißt die Art »granmeis« (Fichtenmeise) und in England »Willow Tit« oder »Videmes«, was ebenfalls Weidenmeise bedeutet. Diese Namen verwirren etwas hinsichtlich der bevorzugten Lebensräume. Unsere nordische Unterart favorisiert jedenfalls von Kiefern dominierten Wald mit Laubbaumanteil, gern Sumpfwald und Moorränder mit morschen Erlen, Weiden und Birken. Die mittel- und westeuropäischen Populationen sind entsprechend häufig in den Saumgehölzen an Teichen, Flüssen und aufgelassenen Entnahmestellen, wo es oft Weiden und Erlen gibt, aber keinen Nadelwald. Im Winter horten die Vögel Samen und Insekten vor allem in kleinen Verstecken in Bäumen. Nadelbäume bieten oft mehr Schlupfwinkel in der Rinde und zwischen Flechten, die von Meisen genutzt werden können. Im Winter wie im Sommer sind Insekten und Spinnen ihre bevorzugte Nahrung. Doch auch die Samen von Fichten und Kiefern sowie von verschiedenen Kräutern wie Buntem und Stechendem Hohlzahn sind eine wichtige Nahrungsquelle.

Winternacht

Es ist Mitte Februar. Der Morgen graut, und das Thermometer zeigt minus 20 Grad. Ich stehe in einem fjällnahen Fichtenwald in der nordschwedischen Provinz Jämtland und warte auf ein erstes Lebenszeichen aus dem Waldesdunkel. Einige Gimpel hoch auf einer Fichte, kaum erkennbar, bilden den Auftakt. Der nächste Laut, ein etwas brodelnder Pfeifton, stammt überraschend von einem Unglückshäher. Schon bald habe ich ihn auf der Spitze einer nahen Fichte entdeckt. Ich habe kaum mein Fernglas hochgenommen, da gleitet er schon abwärts, fliegt recht nah an mir vorbei und verschwindet wieder im Wald. Das veranlasst eine Weidenmeise, mit einem sehr energischen »Ti-ti TÄH TÄH TÄH« zu protestieren. Darüber bin ich glücklich, denn genau diesen Vogel habe ich gesucht. Tief im Inneren der dichten, mit Flechten behangenen Fichten sehe ich einen hellgrauen Federball die Zweige und grauen Flechten absuchen. Das ist wohl ein Jungvogel, der gezwungenermaßen im Morgengrauen auf Nahrungssuche geht. Eine weitere Weidenmeise, vielleicht der zukünftige Partner, erscheint – das Leben im Wald ist erwacht. Die Weidenmeisen haben allen Grund, wachsam zu sein, denn bei dem schwachen Licht hätte sie der Unglückshäher leicht erbeuten können. Das dominante Weidenmeisenpaar des Reviers schläft wahrscheinlich noch. Die normale Körpertemperatur von 42 Grad, die den Jungmeisen jetzt erlaubt, rasch umherzuhüpfen und hektisch mit den Flügeln zu zucken, ist beim dominanten Paar noch nicht erreicht – ihre Körpertemperatur liegt bei nur 36 Grad. Es wird noch mindestens eine Stunde dauern, bis das Paar ganz wach ist. Es ruht weiterhin, vielleicht in einer der Höhlen, die der Dreizehenspecht in die morschen, mannshohen abgestorbenen Fichten gehackt hat. Im Hintergrund höre ich die langsamen, aber rhythmischen Hackgeräusche der Spechte. Das jüngere Weidenmeisenpaar muss von früh bis spät »hart arbeiten«, denn der Bereich, in dem sie Futter suchen, hat innerhalb des gemeinsamen Reviers eine geringere Produktivität. Dies müssen sie durch mehr Arbeitseinsatz kompensieren.

Sie denken jetzt vielleicht, dass ich die Weidenmeise vermenschliche – mit dem dominanten Paar in tiefem Schlaf, während sich das junge Paar im sozialen Rang »hocharbeiten« muss. Es ist allerdings schwer, menschliche Assoziationen zu vermeiden. Als Mitgeschöpf dieser Erde fasziniert, ja sogar rührt einen das Leben der Weidenmeise. Die Interpretation von Erlebnissen und vom Sozialgefüge ist zulässig dank langjähriger Studien über das soziale Leben skandinavischer Weidenmeisen. In Norwegen haben sich Svein Haftorn und Olav Hogstad jahrzehntelang eingehend mit dem Leben der Weidenmeisen und verwandter Arten beschäftigt, unser Verständnis ihrer Lebensbedingungen hat dadurch eine ganz neue Dimension erreicht. Das Phänomen des Meisentrupps und die soziale Rangordnung innerhalb der Gruppe haben sich aufgrund des evolutionären Drucks durch Fressfeinde und Nahrungsverfügbarkeit herausgebildet.

Leben in der Gruppe

Weidenmeisen bleiben als Jahresvögel stets in ihrem Revier im Wald. Sie vergesellschaften sich mit anderen Meisen, Wintergoldhähnchen und einzelnen Waldbaumläufern zu kleinen Gruppen. Diese Trupps bestehen oft aus einem Brutpaar und zwei jüngeren Paaren der Weidenmeise, die nicht miteinander verwandt, sondern von naheliegenden Revieren zugewandert

sind. Das Territorium ist groß, oft misst es 25 Hektar. An einem winterlichen Futterplatz sieht man daher höchstens einige Einzelvögel, denn die Futterstelle gehört zu einem bestimmten Revier, zu dem Fremde keinen Zutritt haben. Weidenmeisenpaare halten ihr ganzes Leben lang zusammen. Im Winter haben sie die besten Überlebenschancen, wenn sie sich mit einem oder zwei anderen Paaren zusammentun. Die Männchen sind über die Weibchen dominant und ältere über jüngere Vögel. Wenn das dominante Männchen oder sein Weibchen stirbt, übernimmt meist das im Rang nachgeordnete Paar die Dominanz im Revier. Der verwitwete Vogel muss die Gruppe verlassen und hat dadurch viel geringere Überlebenschancen. Es kommt darauf an, möglichst schnell zur Brut zu schreiten, damit die Nachkommen frühzeitig flügge werden. Die zuerst geschlüpften Jungvögel haben größere Chancen, einen Platz in einem Nachbarrevier zu ergattern, bevor ihnen die weiteren Jungvögel, die im Lauf des Sommers heranwachsen, diesen Platz streitig machen. Ungefähr die Hälfte der Jungvögel findet einen Platz in einer Gruppe, die anderen Vögel wandern ab. Die Kombination aus großen Bruten und anhaltendem Nahrungsmangel hat wohl zu den recht starken Wanderbewegungen der Weidenmeisen in manchen Jahren geführt. Die Migration beginnt im August und hat im Norden ihren Höhepunkt im September. Strebt ein fremder Vogel einen Platz in einem Trupp an, haben die rangniedrigsten Vögel am meisten zu verlieren. Daher reagieren sie am aggressivsten auf den potenziellen Eindringling. Einige Vögel gehören keinem Trupp an und streifen umher. Als Einzelgänger müssen sie viel Zeit aufwenden, um sich vor Feinden in Acht zu nehmen, und haben daher weniger Zeit für die Nahrungssuche. Ihre Chancen zu überleben und sich fortzupflanzen, sind deshalb gering.

Ein innerer Thermostat

Im Spätsommer und Herbst stehen viele verschiedene Samen und Insekten zur Verfügung. Dann verstecken Weidenmeisen diese in Ritzen der Rinde und im Gezweig. Innerhalb der Kleinvogeltrupps konzentrieren sich die Weidenmeisen bei der Nahrungssuche auf den inneren Zweigbereich und den Stamm. Im nächsten Winter hat das dominante Paar den besten Zugang zu den ergiebigsten und geschütztesten Bereichen dieser Bäume. Das Männchen verteidigt seinen eigenen Baumbereich gegen jüngere

Vögel. Diese müssen sich mit »magereren« Bereichen begnügen, wo sie obendrein noch einem höheren Feinddruck ausgesetzt sind. Diese Unterschiede wirken sich am stärksten im Winter aus, weil dann die Tage kurz sind und die Wachsamkeit die jüngeren Vögel viel Zeit kostet. Sie leben daher unter größerem Stress mit größerem Feinddruck und weniger Zeit für die Nahrungssuche. In langen frostigen Winternächten reicht der »Brennstoff« vielleicht nicht aus zum Überleben. Die Weidenmeise wiegt etwa zehn Gramm, muss aber vor einer kalten Nacht zehn Prozent ihres eigenen Gewichts in Form von Fettreserven anlagern, um zu überstehen. Die Vögel haben einen inneren Thermostat, der ihnen erlaubt, die Körpertemperatur während der Nacht von 42 Grad auf 34 Grad abzusenken, um die Verbrennung zu drosseln. Die dominanten Vögel, die schneller die besagten zehn Prozent zusätzlich erreichen, können den Tag früher beenden, während die jüngeren Vögel gezwungen sind, die Futtersuche bis in die Abenddämmerung auszudehnen. Dies gilt auch für die Morgendämmerung. Dann müssen die jüngeren Vögel gleich bei Tagesanbruch Nahrung suchen, wenn Beutegreifer schwer zu entdecken sind. In der Baumkrone hält sich das dominante Paar weiter oben auf, die jüngeren Vögel weiter unten. Dort ist das Risiko größer, von einem Sperber oder Sperlingskauz erbeutet zu werden.

LAPPLANDMEISE

Poecile cinctus

DIE LAPPLANDMEISE erinnert in vielerlei Hinsicht an die Weidenmeise. Ihr Verbreitungsareal liegt weiter nördlich, aber sie bewohnt Seite an Seite mit der Weidenmeise den nördlichen Teil des Taigagürtels bis nach Kamtschatka. Bevorzugter Lebensraum ist alter Kiefernwald mit eingestreuten Birken, sie kommt aber gebietsweise auch in reinem Fjällbirkenwald vor. Sie ist wenig größer als die Weidenmeise und hat ein noch flauschigeres und stärker isolierendes Federkleid, das ihr im Winter oft ein richtig fülliges Aussehen verleiht. Besonders der »halslose« Kopf wirkt im Verhältnis zu groß. Die Lapplandmeise ist generell wärmer getönt, die graubraune Kopfplatte kontrastiert nicht in gleicher Weise mit den weißen Wangen wie bei der Weidenmeise. Der Scheitel ist matt kakaobraun mit dunklerem Schatten am Auge und Zügelbereich. Der große schwarze Kehllatz ist an der Basis breit, unscharf begrenzt und verläuft sich auf den Brustseiten. Das sieht man im Spätsommer besser, wenn Teile des »Pelzes« abgenutzt sind. Die Brust unter dem Kehllatz ist schmutzigweiß, nimmt aber auf dem Bauch etwas Farbe an und wird zu den Flanken hin ansprechend rostbeige. Diese Farben erinnern mich an den Unglückshäher. Vielleicht sind sie eine Anpassung an die flechtenreichen, nordischen Kiefernwälder, wo Kiefernrinde, -spiegelrinde, Bart- und andere Flechten gute Verstecke bieten, um Kiefernsamen, Wacholderbeeren und Raupen für kalte Wintertage zu lagern. Die Lapplandmeise schließt sich außerhalb der Brutzeit mit anderen Meisen zusammen, bleibt aber normalerweise innerhalb ihres Reviers. Sie ist zwar ein Jahresvogel, aber wie bei der Weidenmeise unternehmen die Jungvögel in manchen Jahren Wanderungen, die sie weit weg von ihrer angestammten Heimat führen, oft im Gefolge von Weidenmeisen. Dann können sie plötzlich an mittelschwedischen Vogelfütterungen erscheinen und für Verwunderung sorgen.

Die Lautäußerungen erinnern stark an die der Weidenmeise, speziell das »Pitsi TJÄH TJÄH TJÄH«, aber es gibt auch einige arttypische Rufe, unter anderem ein rollendes oder blubberndes »Tsch tschürrl«. Der Gesang enthält ebenfalls Töne mit eher rollenden Vokalen. Er klingt nicht wehmütig wie die Weidenmeisenstrophen, sondern enthält mitunter eher meckernde, in der Klangfarbe an Bergfinkengesang erinnernde »Tschrüüh«-Folgen.

WALDBAUMLÄUFER

Certhia familiaris

WALDBAUMLÄUFER ziehen mit Kleinvogeltrupps im Wald umher und erscheinen dann auch an Fütterungen. Dort halten sie sich jedoch nur in der Nähe der Futterautomaten auf oder inspizieren einen nahe gelegenen Baumstamm, eine Holzlege oder Steinmauer. In Ritzen der Rinde und zwischen Flechten suchen sie nach Insekten und Spinnen. Mitunter gehen sie auch an bereitgestellten Talg. Bereits 1859 beschrieb Magnus von Wright: »Er untersucht Baumstämme, indem er sie schraubenförmig von der Wurzel bis zur Krone erklettert und von dort aus zum Fuß des nächsten Baumes hinabfliegt, denn er kann nicht wie der Kleiber kopfabwärts gehen.« Doch der Baumläufer fliegt auch oft bereits zum nächsten Baum, wenn er »seinen« Baum erst zur Hälfte geschafft hat, manchmal noch früher. Er inspiziert auch größere Äste. Mit seinem langen, nadeldünnen Schnabel kann er feinste Spalten erforschen, die anderen Vögeln verwehrt sind. Seine leicht schräg gestellten Augen ermöglichen ihm, in die kleinsten Ritzen und Winkel zu spähen. Man könnte fast meinen, dass er extrem kurzsichtig ist.

Wenn der Vogel einen Stamm hochklettert, sieht er mit seinem langen, spitzen, braunbeigen Schwanz und seinem kreideweißen Bauch blass und unscheinbar aus. Das Gefieder ist mit kleinen, unregelmäßig angeordneten, tropfenförmigen Flecken auf kastanienbraunem Grund übersät. Am ehesten verrät sich der Baumläufer durch seinen scharfen Ruf, ein sehr feines und hohes »Si« oder »Srrri«. Der Gesang besteht aus einer abfallenden, hellen Tonfolge, die mit einem leisen Triller endet, etwa »sitt-sitt-sitt sitte sitte-sitterroitt«. Mit Hilfe dieser Strophe lässt sich der Baumläufer in den meisten Wäldern recht gut nachweisen. In Schweden werden die Bestände auf 750 000 Brutpaare geschätzt. Waldbaumläufer sind Jahresvögel, doch alljährlich gibt es eine gewisse Abwanderung aus den nördlichen Arealen. In manchen Jahren sind auch stärkere Zugbewegungen erkennbar.

Männchen
europaea

Männchen
asiatica

Cembratall kotte

KLEIBER
Sitta europaea

DIESER ORIGINELLE Vogel sorgt am Futterplatz stets für Aufsehen. Kleiber sind unerschrocken und streitbar, können sich in alle Richtungen bewegen und sind stets auf der Hut. Typisch sind die graublaue Oberseite, die weißliche Brust und der schwarze Augenstreif, der sich zum Hals hin fortsetzt und dem Vogel einen markanten Ausdruck verleiht. Im Winter ernährt sich der Kleiber von Samen und Nüssen, vor allem Haselnüssen und Eicheln. An den Futterplatz kommt oft das territoriale Paar, das sich mit großer Regelmäßigkeit eine Portion Sonnenblumenkerne oder Nüsse holt. Obwohl er speziell an das Klettern am Baum angepasst ist, hüpft der Kleiber auch gewandt auf dem Boden und sucht nach heruntergefallenen Nüssen oder Samen. Diese versteckt er in Rindenspalten. Der bevorzugte Lebensraum des Kleibers ist Laubwald mit alten Eichen, deren grobe Rinde viele Verstecke bereithält. Auch andere Bäume mit Rissen oder Löchern sind geeignet. Möchte er eine Haselnuss öffnen, klemmt er sie fest und bearbeitet sie kopfunter an der Rinde hängend mit seinem Schnabel. Kleiber bewohnen auch Mischwälder, seltener jedoch Wälder mit hohem Nadelbaumanteil. In Sibirien liefern Lärchen und Zirbelkiefern die Grundnahrung. Bei der Jungenaufzucht sind aber vor allem Insekten und Spinnen wichtig.

In Süd- und Mittelschweden ist der Kleiber recht häufig. Im südlichen Norrland und an den Küsten kommt er jedoch spärlicher vor. Beobachtungen aus den Provinzen Västerbotten und Norrbotten beziehen sich nicht selten auf die sibirische Unterart *asiatica*, die dort in manchen Jahren als Invasionsvogel aus dem Osten erscheint. In den letzten dreißig Jahren haben sich die Bestände des Kleibers positiv entwickelt. Die Ursache ist nicht bekannt, aber vielleicht liegt es an den milderen Wintern, die wir im Vergleich zu den kalten Jahren Mitte des letzten Jahrhunderts heute erleben. In Schweden gibt es fast 200 000 Brutpaare.

Stimmfreudig

In fast allen Wäldern mit Laubbäumen hört man Kleiber, sie sind sowohl im Frühling wie auch im Herbst stimmfreudig. Kennt man die Klangfarbe, fällt die Bestimmung leicht. Der »Sound« klingt leicht nasal oder etwas hohl und hat einen harten, spitzen Charakter. Oft hört man eine Folge von unregelmäßig wiederholten »djütt«- oder »djutt-djutt«-Rufen. Bei Erregung und Gefahr wird der Ruf schärfer und geht in fast tonlose, schnelle »twett«-Folgen über, mitunter in ein Stakkato. Der Gesang von Männchen und Weibchen im Frühjahr besteht aus melodischen, langsamen Motiven, etwa »piiüh piiüh piiüh …« oder aus schnelleren »pi-pi-pi-pi«-Reihen.

Unterschiede zwischen Weibchen und Männchen

Unterschwanzdecken

Die Geschlechter lassen sich oft leicht an der Färbung von Steiß und Hinterkörper unterscheiden. Die Federn der Unterschwanzdecken bestehen aus zwei Teilen, einer etwas flauschigen, dunigen Basis und einem schneeweißen, schirmartigen Außenteil. Dieser weist beim Männchen einen kastanienroten Farbton auf mit stärkerem Kontrast, beim Weibchen ist er heller und mehr schmutzig rostbraun. Das Kastanienrot der Männchen reicht bis zu den hinteren Flanken und setzt sich gut gegen die sonst weiße Unterseite ab, während sich der Rostton bei den Weibchen ohne scharfen Kontrast über einen größeren Bereich des Hinterkörpers erstreckt. Die Ausdehnung der braunroten Färbung variiert von Männchen zu Männchen.

Kleiber auf Gotland

Ich habe mir während der letzten Jahre, als ich das Vogelleben im Eichenwald vor meinem Atelier beobachtete, über die unterschiedliche Unterseitenfärbung bei Kleibermännchen und -weibchen Gedanken gemacht. Manchmal erscheinen sie mir unterseits ungewohnt rostfarben, anders, als ich es aus meiner Kindheit in Sörmland erinnere oder von Abbildungen aus dem übrigen Schweden kenne. Ich sehe auch häufig einzelne Weibchen, die einen deutlichen Rostton bis zu den Halsseiten aufweisen. Vermutlich sind dies Einzelvögel der mittel- und westeuropäischen Unterart *caesia*. Der Kleiber ist in Schweden sehr standorttreu, das wird er auch im restlichen Europa sein. Wie sind diese Kleiber eigentlich nach Gotland gelangt, wo es weder die beiden Graumeisen noch die Haubenmeise geschafft haben? Kleiber der Nominatform *europaea*, deren Heimat östlich von Gotland im europäischen Russland liegt, sind generell am hellsten auf dem Bauch. Sie können in manchen Jahren in westliche Richtung abwandern und gelangen dann bis nach Finnland, wo sie ansonsten fehlen. Dies erklärt aber noch nicht, warum gotländische Kleiber eine farbigere Unterseite entwickelt haben. Vielleicht ist es eine Folge der ersten Einwanderungswelle von Kleibern, die kurz nach der Eiszeit den Eichen nach Norden folgten. Oder vielleicht habe ich mir einfach die Kleiber der Provinzen Schonen oder Västergötland nicht genau genug angesehen.

Weibchen mit beige getönter Unterseite

Sibirische und kontinentale Kleiber

Als in den 60er-Jahren neue Bestimmungsbücher über die Vögel Europas herauskamen, lernte man als junger Feldornithologe, dass auf dem Kontinent eine andere Unterart des Kleibers mit rostbeiger Unterseite, *caesia*, lebt. Bilder von englischen Kleibern mit intensiv rostoranger Unterseitenfärbung erregten sicher eine gewisse Verwunderung. Vermutlich haben nur wenige von uns aktiven Ornithologen bewusst auf dem Kontinent nach Kleibern dieser Variante Ausschau gehalten. Es gibt auch andere Beispiele, wie die Weidenmeise, die in skandinavischen und nordosteuropäischen Ländern mit schneereichen Wintern weißbäuchige Populationen aufweist.

Ein ganz besonderes Interesse erwachte unter den schwedischen Ornithologen, als die mittelsibirische Unterart *asiatica* Mitte der 70er-Jahre in der Provinz Norrbotten auftauchte. Alles, was aus Sibirien kommt, besitzt eine spezielle Anziehungskraft auf uns. Und jeden Herbst fiebern wir, um eine für Schweden neue sibirische Kleinvogelart zu entdecken. Der sibirische Kleiber ist zwar nur eine weitere Unterart, sie weckte aber anfangs großes Interesse, in deren Folge mehrere Artikel über ihr Aussehen und Verhalten erschienen. Ich wurde vermutlich auf diesen Gast von östlich des Urals durch einen Artikel in der Zeitschrift »Vår Fågelvärld« (*Unsere Vogelwelt*) aufmerksam, denn nach dem Invasionsjahr 1976 registrierte man im Frühjahr darauf zwei erfolgreiche Bruten. Für die Arbeit an meinem Feldführer beschäftigte ich mich Ende der 80er-Jahre eingehend mit dem Aussehen dieser Form, doch ich habe sie auch danach nie wirklich gesehen. Im Frühling 2015 suchte ich den Kleiber an hohen Kiefern und Fichten in Nordfinnland. Dort hörte ich ihn zwar, sah ihn aber nicht. Deshalb war ich abermals auf veröffentlichte Beschreibungen angewiesen, um diese Kleiberform zu malen. Früher gab es nur wenige publizierte Fotos, jetzt kann man massenhaft Bilder dieser Unterart aus dem Internet herunterladen.

Der sibirische Kleiber ist kleiner und hat einen kleineren Schnabel mit feinerer Spitze, eine heller graublaue Oberseite und eine noch hellere Unterseite. Er zeigt ferner mehr Weiß über dem dunklen Augenstreif und an der Stirn. Doch auch der »normale« Kleiber kann mehr Weiß über dem Auge haben, er hat aber selten oder nie eine deutlich weiße Stirn. Bei den Ornithologen in Finnland und Nordschweden ist die Unterart *asiatica* inzwischen gut bekannt. Richtig detailverliebt wurden die Beschreibungen

Männchen asiatica

Männchen europaea

allerdings, wenn sich »unser« Kleiber an eine Fütterung nördlich von Sundsvall verirrte. Deshalb zitiere ich Rolf Gustavsson, der 2001 in »Fåglar i Norrbotten« über den ersten Fund der Nominatform *europaea* schrieb: »Die Größe des Vogels, die Schnabelgröße und -form, die Färbung von Ober- und Unterseite sind die Kriterien, die mir verraten, ob es die Unterart *europaea* oder *asiatica* ist.« Auf Fotografien fiel mir auf, dass die sibirische Form anders gefärbte Läufe hat – bei *europaea* deutlich beige, bei *asiatica* hingegen grau oder grauschwarz.

EICHELHÄHER

Garrulus glandarius

DER EICHELHÄHER ist der häufigste Krähenvogel Schwedens. Das mag angesichts der großen Dohlenschwärme auf dem Land oder der allgegenwärtigen Nebelkrähen erstaunen. Erst im Herbst bemerken wir ihre große Zahl, wenn sie zwischen den Nadelwäldern und den Eichenbeständen des offeneren Landes hin- und herfliegen. Dabei hamstern sie Eicheln und Haselnüsse, um sie als Wintervorrat in ihren Revieren zu verstecken. Eichelhäher leben die meiste Zeit des Jahres recht zurückgezogen in den Misch- und Nadelwäldern. In den letzten 30 Jahren haben ihre Bestände laut Brutvogelatlas »Fåglarna i Sverige« leicht abgenommen, so dass man heute mit etwa 300 000 Brutpaaren rechnet. Im südlichen Schweden ist der Eichelhäher häufiger, er brütet jedoch auch in geringer Dichte im Zentrum von Norrland mit Ausnahme des Fjälls. Den Winter verbringen die Vögel bei uns, in manchen Jahren kommt es aber im Herbst zu größeren Wanderbewegungen. Wahrscheinlich ist dann eine gute Brutsaison mit einem Mangel an Eicheln und Nüssen zusammengefallen. Der Großteil der in kleinen, locker zusammenhaltenden Trupps wandernden Eichelhäher sind diesjährige Jungvögel.

Als fleißige Besucher von Fütterungen füllen sie Kehlsack und Schnabel je nach Angebot gern mit Sonnenblumenkernen oder Hasel- und Erdnüssen. Dann fliegen sie meist weg, um die Schätze zu verstecken, kehren aber nach einer Weile zurück, um noch mehr zu ergattern. Bei mir kommen oft zwei oder drei abwechselnd vorbei. Eichelhäher schätzen auch Talg und Fett, vor allem in schneereichen Wintern. Wenn sie im Gleitflug am Futterplatz erscheinen, wirken sie recht bunt und im Vergleich zu den kleinen Singvögeln richtig plump. Dagegen kann man sie im Wald kaum beobachten, denn Eichelhäher sind oft recht vorsichtig und verbergen sich.

Ansprechendes Gefieder

Am Futterplatz kann man den überaus schönen Vogel gut betrachten. Die Farbkombination von weichem Graurosa, Braunrosa und Graulila im Kontrast zu blendendem Weiß, Schwarz und Kastanienbraun könnte auch von einem Modeschöpfer stammen. Das i-Tüpfelchen dieser Kreation ist die blau schimmernde Flügelbrosche. Vermenschlicht könnte man aber sagen, dass das Model nicht das netteste ist, das die Evolution geschaffen hat. Denn mit seinen weißgrauen Augen und Augenringen sowie dem rabenschwarzen Bartstreif blickt der Vogel etwas böse drein. Typischerweise steht er auf einem Zweig und hält mit kleinen Kopfbewegungen Ausschau. Dann finde ich ihn charmant – und muss sofort zum Malstift greifen. Der Eichelhäher hat etwas von der Figur »Karlsson vom Dach« (Kinderbuchfigur von Astrid Lindgren). Der füllige Scheitel kann bei Aufregung wie eine weiche Mütze aufgestellt werden. Am stärksten erregt den Eichelhäher der Anblick eines Habichts. Das quittiert er meist mit kreischenden »grääh«-Rufen und großer Unruhe. Auch Sperber und andere Greifvögel führen zu Missbilligungsrufen, sie gelten aber kaum als ernst zu nehmende Gefahr. Sperber sind jedoch merkbar irritiert, wenn sie ein Häher ankündigt, und schon oft sah ich, wie ein Sperber einen Häher aus seinem Jagdrevier vertrieb.

Ein Eichelhäher ist kaum zu verwechseln. Allerdings sind, wie Erik Rosenberg in »Fåglar i Sverige« schrieb, Menschen, die nicht direkt an Vögeln interessiert sind, oft erstaunt bei seinem Anblick. Denn im Vorbeiflug wirkt er fast exotisch. Diesen Eindruck hinterlassen vor allem das blaue Flügelabzeichen, das sich während des Fluges öffnet, sowie die weißen und schwarzen Felder auf Flügeln und Schwanz. Fliegt der Vogel etwas höher, ist keines dieser Merkmale auffällig. Dann wirkt der Flug mit dem langen Schwanz und den breiten, abgerundeten Flügeln etwas flatternd.

Eicheln

Der Pinsel der Evolution

Als Künstler ist man sicher beeindruckt vom Effekt dieser Flügelzeichnung und als Mensch fasziniert, doch wir wissen auch, dass das, was wir als besonders und vielleicht schön empfinden, ähnlich starke, aber trotzdem ganz andere Reaktionen bei den Artgenossen des Vogels hervorruft. Die schwarzen Armdecken hinter den äußeren blau gebänderten Armdecken sind etwas verlängert und abgerundet, und sie überdecken bei zusammengelegtem Flügel genau das weiße Feld. Dieses Design ist kein Zufall, sondern ein bewusster visueller Effekt, ein Pinselstrich der Evolution. Die Blauzeichnung erstreckt sich über den Daumenfittich, die größeren Handdecken und die äußeren Großen Armdecken. Grundton ist ein hell weißliches Türkis mit dunkelmarineblauer Bänderung und von einem kobaltblauen Schatten begrenzt. Bei Jungvögeln ist dieser »Strichcode« unregelmäßiger und enthält weniger Striche. Im Feld wird man diese Zeichnung wohl kaum genau studieren können. Einfach nur zum Staunen …

Schreien, jammern, schwätzen

Häufig hört man den Warnruf, ein weit schallendes, heiser-rätschendes »Äähk«. Weniger oft ist ein bussardähnlicher Jammerlaut, der im Wald nicht selten verblüfft, da man den rufenden Vogel kaum sieht. Der schwätzende Gesang enthält allerlei merkwürdig klingende, jammernde und klappernde Laute.

Jungvogel

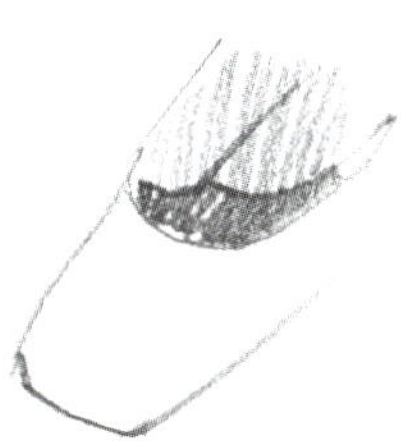

UNGLÜCKSHÄHER

Perisoreus infaustus

DER UNGLÜCKSHÄHER trägt die Farben seiner Umgebung – das Grau älterer Fichtenrinde und den Rostton von Kiefernzweigen – in seinem weichen, »haarigen« Federkleid, das wiederum an die Bart- und Fadenflechten erinnert. Er ist kaum zu verwechseln, Weibchen und Männchen gleichen sich. Oft gleitet der Häher lautlos lange Strecken ohne eine Flügelbewegung, dann wieder hält er sich an Stämmen fest und durchsucht Schlupfwinkel oder Flechten nach Fressbarem. Die Vögel haben sich an extrem harte Winter mit Temperaturen unter minus 40 Grad angepasst. Im Herbst sammeln sie Vorräte, vor allem Pilzstücke und Beeren, aber auch Schnecken, Insekten und Spinnen. Ihre »Schätze« verstecken sie sorgsam in den Ritzen grober Rinde, anfangs auch am Boden, und decken sie ab. Bevor der erste Schnee fällt, verstauen sie die Vorräte weiter oben, damit sie nicht zugedeckt werden, denn ihr relativ kurzer Schnabel eignet sich nicht zum Graben im Schnee wie der des Tannenhähers. Der Unglückshäher ist ein Vogel der Taiga, des nördlichen Nadelwaldgürtels. In Schweden kommt er nördlich des Flusses Dalälven vor, in Norwegen reicht sein Areal etwas weiter südlich bis nach Telemark. Am häufigsten leben diese Häher in flechtenreichem, älterem Nadelwald im Zentrum Norrlands und in Fjällnähe.

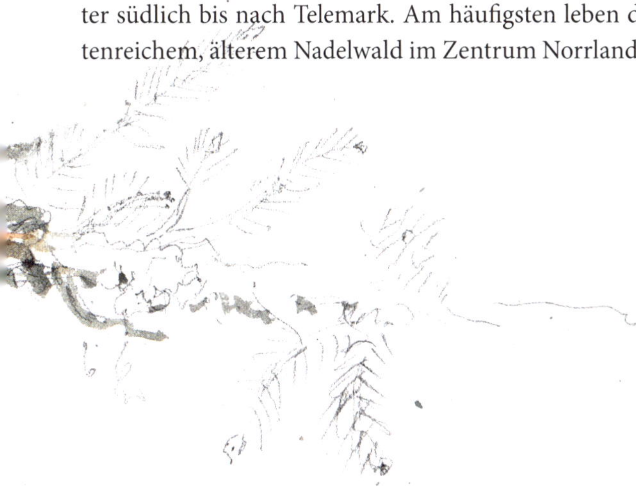

Der Unglücksverkünder

Der lateinische Artname *infaustus* bedeutet »unglücklich« oder »unheilvoll« und bezieht sich vielleicht auf sein furchtloses Verhalten, wenn er in schlechten Zeiten die Vorräte des Menschen aufsuchte. Linné erwähnte ihn 1732 in seiner lappländischen Reise, »Iter lapponicum«: »Die Lappenelster, Rotvogel in Västerbotten, … ist geizig, trägt Fleisch davon und ist nicht zaghaft.« Sven Nilsson schrieb 1858 in seiner »Skandinavisk fauna«, dass er Vögel verzehrt, die in Schlingen gefangen wurden: »zum Beispiel Birk-, Schnee- und Haselhühner, wo nur der Rumpf übrig bleibt.« Erik Rosenberg berichtete 1953 in »Fåglar i Sverige«, dass »er sich im Winter an Waldarbeiterlagern einfindet, um an Fleisch und Fett zu kommen«. Nicht gerade schmeichelhaft! Die geringe Scheu und das lautlose Annähern an Futterquellen waren wohl nicht immer geschätzt. Mit der Zeit hat sich das Bild verändert. Heute empfinden die meisten Wanderer oder Skifahrer in den Wäldern Norrlands den Häher eher als neugierigen, aber willkommenen Gast bei der Brotzeit. Möglicherweise sahen die frühen Siedler in Norrbotten die unvermittelt erscheinenden Vögel als Unglücksboten an. Man kann sich vorstellen, dass der Vogel für allerhand Aberglauben herhalten musste, etwa dass irgendein Waldgeist von seinem Körper Besitz ergriffen hatte. Er hat schon etwas Verwunschenes an sich, wie der Tannenhäher im Süden.

Tanz um die Fichte

Wer jemals Unglückshäher im Wald sah, hat ähnliche Erfahrungen gemacht: Zuerst hört man einen Lockruf, dann erblickt man etwas in einer Fichtenkrone, das Etwas gleitet in der nächsten Sekunde lautlos herab und landet in geringem Abstand, um die Lage zu erkunden. Kurz darauf erscheint ein weiterer Vogel und vielleicht noch ein paar mehr. Wird ihnen nichts Interessantes geboten, verschwinden sie wieder zwischen den Fichten, als hätte sie der Wald verschluckt. Ein genauer Kenner des Unglückshähers war Arne Blomgren aus Norrbotten. Seine Studien erschienen 1964 in Buchform, »Lavskrikan« *(Unglückshäher)*. Arne wurde mit seinen Hähern richtig vertraut. Ein Weibchen kannte er sogar 12 Jahre! Er konnte seinen Finger unter dessen Bauch stecken, während es brütete, und es vorsichtig hochheben, um die Eizahl zu registrieren. Er beschrieb auch, wie merkwürdig sich Unglückshäher mitunter benehmen, und nannte einen Teil dieses Spiels »grandans« (Fichtentanz). Hier ein Beispiel: »Das Männchen befand sich hoch in einer Fichte. Plötzlich schoss es mit angelegten Flügeln senkrecht nach unten. Im unteren Teil der Fichte breitete es die Flügel aus und verschwand im Gezweig. Dort umrundete der Vogel wie besessen den Stamm und sauste mit prasselnden Flügelgeräuschen zwischen den Zweigen hoch und runter.« Da frage ich mich schon, wie es wohl zu der weihnachtlichen Tradition »Tanz um die Fichte« gekommen ist.

In Norwegen haben Gunnar Borgos und Olav Hogstad gezeigt, dass Pilze ein wichtiger Teil der Wintervorräte sind. Dabei handelt es sich meist um gewöhnliche Speisepilze, die Häher horten aber auch regelmäßig Fliegenpilze. Das Atropin in den Fliegenpilzen führt nach deren Verzehr zu Halluzinationen, Erregungszuständen und Raserei. Bei den Wikingern gab es die im Rausch kämpfenden, keine Schmerzen spürenden »Berserker«; Unglückshäher verhalten sich ähnlich und werden generell unvorsichtig. Möglicherweise ist ihr Fichtentanz im Rausch entstanden.

Familientrupps

Unglückshäher leben in ihren Revieren das ganze Jahr über in kleinen Gruppen von fünf oder sechs Vögeln. Einem dominanten Brutpaar folgen ein paar Jungvögel der eigenen Familie und weitere aus anderen Revieren. Unglückshäher helfen ihren Eltern nicht bei der Jungenaufzucht, wie einige andere Krähenvögel. Die erwachsenen Häher verhalten sich jedoch eigenen Nachkommen gegenüber wohlwollender als zu fremden Artgenossen. Ein kleiner Trupp bedeutet mehr Augen und Ohren, das heißt rechtzeitiges Entdecken von Fressfeinden und Nahrungsquellen. Die Häher brüten sehr früh im Jahr und sind daher auf ihre versteckten Vorräte angewiesen. Sie besuchen gern Fütterungen, wo sie Talg und Fett den Sämereien vorziehen.

Je nach Gemütszustand äußern Unglückshäher eine ganze Reihe von Lauten. Häufigster Lockruf ist ein weich jammerndes, bussardähnliches »Mjauk«, das ihr Erscheinen ankündigt, mitunter klingt es deutlicher wie »kwauk«. Bei Aufregung hört man heisere, gellende »errk«-Rufe, bei noch stärkerer Erregung gereiht »ährk ährk ährk«. Der unauffällige Gesang besteht aus plaudernden Zwitschertönen und schwachen, gepressten Lauten. Ich muss dabei an einen Papagei denken, der Selbstgespräche führt.

ELSTER

Pica pica

DIE ELSTER ist eine unserer bekanntesten und sogar beliebtesten Vogelarten. Unser Verhältnis zu ihr ist jedoch gespalten. Einerseits mögen wir sie wegen ihres Aussehens und weil sie so vertraut ist. Andererseits missbilligen wir ihre Dreistigkeit und ihr Verhalten, Eier und Jungvögel aus den Nestern anderer Vögel zu »stehlen«. Das Interesse der Elster an glänzenden Gegenständen ist jedoch ein Märchen. Das konnte im wissenschaftlichen Experiment nachgewiesen werden. Als man diese Vögel noch in Gefangenschaft halten durfte, waren sie an den verschiedensten Gegenständen interessiert und bedienten sich auch einfach an Essen, das unbewacht war. Ihren schlechten Ruf verdanken sie dem Melodrama »La Pie voleuse« (*Die diebische Elster*) von Louis-Charles Caigniez von 1815 und der gleichnamigen Rossini-Oper aus dem Jahr 1817. Sie können jedoch recht lästig werden: Oft habe ich sie schon verflucht, wenn sie den Kompostbeutel aufgepickt haben, den ich abends vor die Tür gestellt hatte. Elstern sind außerdem recht vorsichtig und fliegen schnell weg, wenn man sich ihnen nähert – als hätten sie ein schlechtes Gewissen.

Der Erfolg der Elstern und anderer Krähenvögel besteht darin, dass sie sich an eine ständig verändernde Umwelt anpassen und auch in Siedlungsnähe leben können. Sie untersuchen alles Neue und testen es aus. Außerdem macht sie ihre Fähigkeit zu abstraktem Denken zu Gewinnern.

Ein Elsternpaar bedeutet Leben im Dorf

Elster, Nebelkrähe und Dohle sind in Schweden ungefähr gleich häufig. Ihre Zahl wird auf 220 000 geschätzt. Und alle drei Krähenvögel sind auf unterschiedliche Weise mit menschlichen Siedlungen und der Kulturlandschaft verbunden. Die Elster ist in vieler Hinsicht ein Stadtvogel, ihr gefällt es in Vororten und Villensiedlungen. Brütende Elstern bedeuten Leben, denn nur auf bewohnten Höfen brütet ein Paar und bewacht die Umgebung. In unserer Gegend lebt auf jedem Gehöft oder in jedem kleinen Dorf ein Elsternpaar. Morgens sitzen sie in einem Baum oder auf dem Scheunendach. Von dort aus starten sie zu Ausflügen auf die Äcker und Felder. Stets sieht man auf dem Land irgendeine Elster, die malerisch in einem Weißdorn sitzt oder zwischen den Schafen auf der Weide umherhüpft. Sie ist von Weitem hörbar und meldet nach dem Motto »Hier bin ich und hier wohne ich« ihre Platzansprüche an. Ihre optische Erscheinung ist wie ein Markenlogo, ein Wiedererkennungsfaktor.

Design in Schwarz und Weiß

Wären sie nicht so häufig, hätten Elstern einen Platz unter den schönsten heimischen Vögeln. Kopf sowie Brust und Rücken sind matt- bis samtschwarz. Sie stehen im Kontrast zu den weißen, wie ein frisch gebügeltes Seidenhemd wirkenden Schultern. Der Bauch erinnert an einen weißen, flauschigen Angorapullover. Selbst im Schatten leuchten die Schultern immer heller als Schnee oder die Wolken am Himmel. Die Attraktivität der Elstern rührt von den Kontrasten, besonders vom Rußschwarz zum Weiß, und von den schimmernden Regenbogenfarben auf den Schwung- und Steuerfedern. Der Glanz oder Schimmer bei vielen schwarzen Krähenvögeln entsteht durch strukturelle Effekte in der Federfahne. Die reflektierte Farbe hängt vom Einfallswinkel des Lichts ab, daher können die Armschwingen mal grün, mal blau schimmern. Die Schwanzfedern sind bei den Männchen länger als bei den Weibchen und bei dominanten Männchen länger als bei jüngeren. Voll entwickelt sind die mittleren Steuerfedern am längsten, durch ihr stumpfes Ende bekommt der Schwanz ein keulenförmiges Aussehen. In einem bestimmten Winkel sieht er völlig schwarz aus, dreht er sich um 90 Grad, schillern die Federn metallisch grün. Zur Spitze hin sind sie regenbogenfarben von Goldgrün über Purpur zu Lila und an der Spitze Tiefblau. Die schwarze Färbung schützt die Federn vor Ausbleichung und Abnutzung. An den zusammengelegten Flügeln der stehenden Elster sieht man normalerweise kein oder nur wenig Weiß. Wenn sie dann die Flügel ausbreitet, erscheint plötzlich wie von Zauberhand der

weiße Handflügel. Jede einzelne Handschwinge ist überwiegend weiß, schwarz sind nur die Flächen, die beim zusammengelegten Flügel noch zu sehen sind. In der Welt der Elstern scheinen Kontraste »sexy« zu sein. Manchmal lugt ein weißer Strich oder Streifen beim stehenden Vogel hervor. Das Weiß wird deutlicher, wenn ein Flügel etwas locker herabhängt.

Vogel der Vororte

In stadtnaher Umgebung besetzen Elsternpaare alle Gärten, Parks und Grünflächen und verteidigen diese gegen ihre Nachbarn – ähnlich wie bei uns in Villen- und Reihenhaussiedlungen. Jedes Elsternpaar beobachtet genau, was die Nachbarn tun – besonders vor der Brutsaison. Das Risiko, dass das Nachbarmännchen ins Revier eindringt und das Weibchen anbalzt oder sich in einem günstigen Moment sogar mit ihm paart, ist groß. Daher sieht man das Paar in dieser kritischen Zeit fast immer zusammen. Eindringlinge werden von beiden Paarpartnern ordentlich beschimpft, aber nur, wenn der andere in der Nähe ist. Wenn der Besuch allerdings vom anderen Geschlecht ist, freundet man sich gern an.

Die Elsterntrupps, die sich oft an Winterabenden in einem Baum oder Gebüsch versammeln, bestehen aus jungen revierlosen Vögeln. Tagsüber streifen sie umher und machen den etablierten Paaren das Leben schwer. Wenn so eine »Jugendbande« in ein fremdes Revier eindringt, muss sich der Inhaber durchsetzen. Zeigt er nur etwas Schwäche, verliert er schnell einen Teil seines Territoriums an einen frechen Jüngling, der in der Folge allmählich das ganze Revier übernimmt. Das Sozialleben der Elstern, das sich im Viertel abspielt, ist oft komplexer, als wir es bei flüchtigem Hinsehen für möglich halten.

Singen leise vor sich hin

Häufigster Ruf ist ein etwas heiseres »Tschah« oder »Tschack«, oft zu einer scheltenden Folge gereiht: »Tscha-ja-ja-ja-ja«. Dazu knickst die Elster mit Schwanz und Flügeln. An einem sonnigen, ruhigen Tag kann man mitunter Elstern aus einem Busch leise singen hören: knirschende, kratzige Plaudertöne, die kaum etwas mit Reviermarkierung zu tun haben. Es scheint so, als wären die Vögel gut drauf und singen zur eigenen Unterhaltung.

Abwechslungsreiche Nahrung

Elstern ernähren sich als Allesfresser von vielerlei Samen, Früchten, Insekten und Kleintieren, aber auch von Eiern, Jungvögeln und Kadaver. Sie töten selbst Nagetiere und große Jungvögel. An Fütterungen nehmen sie fast alles, picken sorgsam Samen auf und stopfen sie in ihren Kropf, um sie an einem ungestörten Ort zu verstecken. So unermüdliche Sammler wie Tannenhäher oder Eichelhäher sind sie jedoch nicht. Bei Überfluss hamstern sie gern alles Mögliche, aber das meiste wird gewöhnlich bald verbraucht.

TANNENHÄHER

Nucifraga caryocatactes

DER MIT WEISSEN TUPFEN übersäte Häher der tiefen Fichtenwälder ist ein geheimnisvoller Vogel. P. O. Swanberg widmete einen Großteil seines Lebens der Erforschung dieser Art, deshalb wurde er für mich in meinen frühen Teenagerjahren zu einer Art Idol. Mit 15 wollte ich wie Swanberg Zahnarzt und Ornithologe werden. Da hatte ich noch nichts von seinem tapferen Kampf gegen die Trockenlegung des berühmten Hornborga-Sees gehört. Mir imponierte, dass er mit einem Vogel gut Freund werden konnte, der scheu und schön zugleich ist. Das meiste, was wir über die Biologie dieses Hähers wissen, stammt von seinen gewissenhaften Langzeitstudien am Tafelberg Billingen in der Provinz Västergötland. Die Brutvögel Süd- und Mittelschwedens sind von Haselnüssen abhängig, nisten aber in dichten Fichten- oder Mischwäldern mit hohem Fichtenanteil und reichlich Moos in der Bodenschicht. Daher kommen Tannenhäher nur gebietsweise vor. Sie brüten in vielen fichtendominierten Bergnadelwäldern Mittel- und Osteuropas, wo die Hauptnahrung – Haselnüsse und Arvensamen – nicht weit weg ist. Die Tannenhäher Norrlands gehören zu einer anderen Unterart mit dünnerem Schnabel, dem Sibirischen Tannenhäher *(macrorhynchos)*, der sich vor allem von den Samen der Sibirischen Zirbelkiefer ernährt. Die Bestände sind in Schweden in den letzten Jahrzehnten vermutlich zurückgegangen, man schätzt sie auf 11 000 Paare.

Gedächtnisgenie

Tannenhäher horten große Mengen von Haselnüssen im Moosboden ihres Reviers. Die Nüsse sind akribisch in zwei Schichten mit jeweils 10 bis 20 Baumfrüchten übereinandergestapelt – sorgfältig versteckt und mit Moos

zugedeckt. Von diesen Vorräten fressen die Häher bevorzugt im Winter und füttern damit ihre Jungen im folgenden Frühjahr. In einem guten Jahr legen sie vier Eier, in einem schlechten nur drei, und in einem richtig miesen Jahr überleben nur wenige Jungvögel. Die Häher haben alle ihre Hunderte von Verstecken im Kopf und finden sie mit großer Präzision wieder – auch bei hohem Schnee. Sie vergessen auch nicht, welche Vorratslager bereits geleert sind, selbst wenn Neuschnee die Spuren überdeckt hat. Sogar die Verstecke des Vorjahres, soweit noch vorhanden, finden sie wieder, wenn die aktuellen Vorräte erschöpft sind. Außerdem leeren die Häher ihre Lager in der Reihenfolge entsprechend ihrem »Verfallsdatum«. Wie viel leichter fiele es uns wohl, sich Zahlenreihen zu merken, wenn wir diese mit Bildern verbinden, oder Vokabeln, die wir gleichzeitig mit Handbewegungen aufschreiben? Tannenhäher verzehren im Sommerhalbjahr auch Insekten und nehmen Eier und Jungvögel aus den Nestern von Kleinvögeln.

Große Wanderbewegungen

Die Sibirische Zirbelkiefer liebt kaltes Klima, daher wurde sie an vielen Orten in Parks und auf Friedhöfen in Norrland angepflanzt. Ihre Samen oder Nüsschen bilden die wichtigste Nahrung der dortigen Sibirischen Tannenhäher *macrorhynchos*. »Unser« Tannenhäher mit dickerem Schnabel, *caryocatactes*, ist ein ausgeprägter Jahresvogel, der sein ganzes Leben in den Grenzen seines Reviers verbringt. Sven Nilsson schrieb in seiner »Skandinavisk fauna«: »Den Bereich, in dem er seine Heimat hat, gibt er nie auf.« Jungvögel wandern jedoch im Spätsommer und Herbst ab, wenn es wenig Haselnüsse und damit unzureichend Nahrung gibt.

Der Sibirische Tannenhäher wandert dagegen in Jahren mit schlechter Samenernte der Sibirischen Zirbelkiefer in großem Stil ab (Evasion). Dass sich vor allem in Nordschweden kleine Populationen ansiedeln konnten, ist eine Folge dieser Wanderbewegungen. Nilsson kannte das Phänomen, denn er verglich sie mit denen des Berglemmings, aber er wusste nicht, woher die Vögel kamen. Wenn Sibirische Tannenhäher bei uns einwandern, wird sogar die Allgemeinheit auf die sonst so versteckt lebenden Vögel aufmerksam. Sie kommen oft in Gärten, verzehren Äpfel und besuchen Futterplätze. Möchte man die »normalen« Tannenhäher zur Fütterung locken, sind die Nähe zu Fichtenwald und Haselnüsse im Futterangebot vorteilhaft.

Unterart macrorhynchos

Unterart caryocatactes

Am leichtesten sieht man Tannenhäher im Herbst während ihrer Proviantflüge vom Revier zu den Haselbeständen der Umgebung und zurück. Diese Flüge beginnen oft schon im August und haben gegen Ende September ihren Höhepunkt, können aber in Jahren mit reichlich Baumfrüchten (Mastjahren) den ganzen Herbst über stattfinden. Gegen den Himmel erscheinen die Vögel dunkel mit weißlichem Steiß und erinnern wegen der breiten Flügel mit gespreizten Handschwingen an Eichelhäher. Sie sind jedoch eher vorderlastig, wirken langschnäbliger und haben einen auffallend kurzen Schwanz. Sie füllen einen Kehlsack unter der Zunge mit den Baumfrüchten, weshalb sie auf dem Rückflug aussehen, als trügen sie eine Tasche unter dem Kinn. Der Bürzel ist dunkelbraun, der Schwanz schwärzlich mit breiter weißer Endbinde, die beim Auffliegen aufleuchtet. In meinem Feldführer von 1992 malte ich den Bürzel des Tannenhähers wie beim Eichelhäher weiß, tatsächlich ist der Steiß wie bei meinen Illustrationen weiß.

Häufigster Ruf des Tannenhähers ist ein metallisch schnarrendes, fast vokalloses »Ährrrrrk«. Der Ruf hat einen leicht lärmenden, aber geheimnisvollen Klang und eine große Reichweite. Eine Verwechslung ist kaum möglich. Zum Repertoire gehören auch einige kurze, vokalarme Laute und der leise plaudernde Gesang aus wimmernden und kehligen Motiven.

Tropfenflecken im Dunkel des Fichtenwaldes

Der Tannenhäher ist auf dunkelbraunem Grund übersät mit hellen Tropfenflecken. Auf den schwärzlichen Schwungfedern erkennt man von Nahem einen grünen Glanz. Als Künstler staunt man manchmal über ein bestimmtes Farbmuster und macht sich Gedanken über den Sinn.

Weltweit gibt es etwa 120 Krähenvogelarten. Die Färbung der eigentlichen Krähen, Gattung *Corvus*, liegt nur im Schwarz-Weiß-Bereich. Andere Gruppen, wie Häher, zeichnen sich auch durch Blautöne sowie mehrere ansprechende Ocker-, Beige- und Grautöne aus, manchmal kombiniert mit kontrastierendem Schwarz und Weiß. Nur wenige Häher tragen reines Braun wie der Tannenhäher und der nah verwandte Himalajahäher *(Nucifraga multipunctata)*. Eine weitere Ausnahme davon könnte der mittelamerikanische Braunhäher *(Psilorhinus (Cyanocorax) morio)* bilden. Die Scheitelfärbung des Unglückshähers kommt der des Tannenhähers am nächsten. Es gibt weltweit drei Arten von Tannenhähern, davon ist nur der

nordamerikanische Kiefernhäher *(Nucifraga columbiana)* grau, weiß und schwarz gefärbt. Das Pigment der schwarzen Federn besteht aus Melanin, Eumelanin und Phäomelanin. Die Federn von jungen Krähenvögeln enthalten weniger vom besonders schwarzen Phäomelanin und können zu einem fast braunen Ton ausbleichen. Vielleicht hat der Tannenhäher im Lauf der Evolution sein schwärzeres Pigment im Körpergefieder verloren, aber in den grün glänzenden Flügeln behalten. Doch warum? Im Buch von Swanberg sehe ich einige Fotos von Tannenhähern, die im Dunkel des Fichtenwaldes ihre Eier bebrüten. Boden und Gezweig sind von Schnee bedeckt. Die Vögel liegen tief in der Mulde des Nestes. Die hellen Flecken auf braunem Grund verwandeln sich zu dürren Fichtenzweigen und grauer bis mittelbrauner Fichtenrinde. Ähnliche Tropfenflecken sind typisch für die Jugendkleider von Drosseln und Fliegenschnäppern, was offenbar vor Entdeckung schützen soll. Beim Tannenhäher brüten beide Geschlechter und hudern die Jungen. Im Nest sind sie durch die Tropfenflecken gut getarnt.

Unterart soemmerringii

Jungvogel

Altvogel

DOHLE
Coloeus monedula

DIE DOHLE erscheint im Vergleich zu den größeren Krähenvögeln als klein, fast niedlich. Im Flug wirkt sie ganz dunkel. Flügel und Schwanz sind schwärzlich mit – je nach Lichteinfall – lila oder grünlichem Glanz. Der Körper ist dunkel schiefergrau, der Nacken ansprechend silbergrau, teilweise leuchtend, das Gefieder dort sieht glatt gekämmt aus. Die schwarze Stirn und das dunkle Gesicht mit den hellen, grauweißen Augen verleihen der Dohle einen ganz speziellen Ausdruck. Durch ihr charmantes Aussehen, die silberfarbenen Augen und ihre Rufe gehören die Dohlen zu den in Deutschland beliebteren Stadtvögeln. Die Augen der Jungvögel sind anfangs graublau, wechseln im Lauf des Älterwerdens zu Graubraun, um dann später zum typischen, stechenden »Silberauge« zu werden. Wie bei der Nebelkrähe bleiben die juvenilen Schwungfedern noch über den ersten Winter erhalten, so dass man im Frühjahr die einjährigen Vögel an ihren braunen Schwingen erkennen kann. Das Grau des Nackengefieders variiert je nach Unterart. In einem Schwarm fliegen oft Vögel mit unterschiedlich hellem Nacken. Die Männchen sind etwas heller als die Weibchen. Bei einjährigen Vögeln ist der »Silbernackenstatus« häufig noch nicht voll ausgebildet. Ein Teil der Vögel besitzt einen deutlich helleren Bereich an den Nackenseiten. Dieses Merkmal kommt bei der nordöstlichen Unterart *soemmerringii* häufiger vor. Man sieht es mitunter auch bei schwedischen Brutvögeln, meist jedoch bei Vögeln in überwinternden Trupps.

Dohlen haben wie die meisten Krähenvögel ein kompliziertes Sozialleben. Deshalb sind sie interessant, und wir projizieren sogar unsere Eigenheiten auf sie. Sven Nilsson schrieb in der »Skandinavisk fauna«, die Dohle sei leicht zähmbar und baue zu der Person, die sie füttert und versorgt, eine enge Bindung auf. In Schonen heißt die Dohle »alika«, und der Spruch »voll wie eine Alika« oder »Saufdohle« kommt daher, dass man zur Unter-

haltung der Gäste zahme Dohlen mit alkoholgetränktem Brot fütterte. Die Vögel bekamen einen Rausch und wurden mitunter sogar abhängig.

Es dauert häufig ein paar Jahre, bis eine Dohle zum ersten Mal brütet. Die Verpaarung, oft als Jungvögel, findet im Herbst in den lärmenden Schwärmen, die in der Dämmerung zu sehen sind, statt. Das Paar bleibt dann sein Leben lang zusammen. Beim Schlafen sitzen die Partner eng beieinander. Auch im Winter sehen wir oft in den Bäumen Dohlenpaare, die sich wie verliebt aneinanderschmiegen. Im Trupp gibt es eine deutliche Rangordnung. Gleichzeitig herrscht ein starkes Zusammengehörigkeitsgefühl und die Bereitschaft, die Gruppenmitglieder gegen Eindringlinge zu verteidigen. Dohlen sind in Schweden meist Jahresvögel, wobei die nordöstlichen Populationen ziehen und auch jüngere Vögel im Herbst nach Süden wandern. Die Brutbestände haben in den letzten Jahren zugenommen, so dass heute in Schweden mit etwa 200 000 Paaren zu rechnen ist. Dohlen kommen gern zu Fütterungen. Bei der Wintervogelzählung »Vinterfåglar inpå knuten« landen sie meist auf einem Platz um zehn.

Lautmalerisch

Der schwedische Name »Kaja« für die Dohle ist lautmalerisch. Ihr »Kja« oder »Kaj« hat einen schönen, melodischen Klang und wirkt wie ein Gruß. Wenn Dohlen miteinander schwätzen, äußern sie ihren Ruf mit unterschiedlicher Betonung, behalten aber immer den speziellen Klang bei.

Dohlen brüten einzeln oder kolonieweise in Baumhöhlen und in Höhlungen von Gebäuden, die an Ackerland grenzen. Im Wald nutzen sie für die Brut hohle Eichen und Höhlen von Grün- und Schwarzspechten. In anderen Gegenden Europas brüten sie sogar in Felsspalten. Die Vögel bauen ihre Nester auch gern in Schornsteine, was den Hausbesitzern meist missfällt, weil der Kamin verstopft wird. Mehr als einmal habe ich verrußte Dohlenjunge an mich genommen, die ins Wohnzimmer gelangt waren. Sie scheinen farblich schon daran angepasst zu sein, in einem Kamin zu wohnen. In vielen Gegenden sind Schornsteine ihre wichtigsten Nistorte.

Die Vorliebe der Dohlen für die Thermik um hohe Gebäude, oder um eine künstliche Felslandschaft, ist den Stadtbewohnern und Nachbarn von großen Gemeindekirchen wie hier in Hamra auf Südgotland wohlbekannt. Die Vögel sind mit ihren langen, spitzen Flügeln elegante Flugakrobaten. Bei echter oder eingebildeter Gefahr fliegt der ganze Trupp auf und bildet eine dichte Formation, die sich wie ein Schwarm Fische am Himmel rasch hin und her bewegt. An den großen Domkirchen im flachen Land, etwa in Uppsala, Skara oder Lund, versammeln sich nicht selten abends Tausende von Dohlen zu Flugspielen und sozialen Interaktionen. Sie übernachten in dichten Schlafgruppen an Gebäuden und in Bäumen. Morgens bilden sie kleinere Trupps, die mit eleganten und kraftvollen Flügelschlägen in verschiedene Richtungen auf Felder und Äcker hinausfliegen.

Breit gefächerte Nahrungswahl

Dohlen sind mit den Saatkrähen die sozialsten unter den Krähenvögeln. Oft sieht man sie gemeinsam auf einer Weide oder Rasenfläche in Gebieten, in denen auch Saatkrähen nisten. Wegen ihrer unterschiedlichen Schnabelgrößen sind beide Arten keine Nahrungskonkurrenten. Dohlen finden Insekten und deren Larven vorwiegend im Gras, sie sammeln ihre Beutetiere ein, während Saatkrähen dazu in den oberen Erdschichten stochern. Gibt es reichlich Regenwürmer, machen beide Arten Jagd darauf. Erntereste und Kräutersamen zählen ebenfalls zur wichtigen Dohlennahrung, bei zeitweiligem Überangebot an Saatgut auf Feldern, bei Gehöften oder an Getreidesilos stellen sich Dohlen zusammen mit anderen Krähenvögeln oft in großen Scharen ein. Als Allesfresser finden sie sowohl auf Landwirtschaftsflächen, in städtischen Parks und sogar in Großstädten nutzbare Nahrung. Beliebt sind sie nicht bei jedem. So haben viele Menschen Angst, wenn Dohlen zu Tausenden in Parks oder Friedhöfen einfallen.

SAATKRÄHE

Corvus frugilegus

DIE SAATKRÄHE ist so groß wie eine Nebelkrähe, der Schnabel ist aber keilförmiger, das Gefieder weniger glatt, und Flügel und Schwanz wirken recht locker. Steht eine Saatkrähe im leichten Wind, dann sieht es oft aus, als würden die Federn vom Luftzug aufgebogen, die Flügelhaltung wirkt etwas »schlaffer«. Das bietet einem Künstler interessante Schatteneffekte, und so stellen Saatkrähen spannende Modelle dar. Das unbefiederte Gesicht hat fast einen menschlichen Ausdruck. Von vorne betrachtet, erinnert es an eine ältere Frau mit einem schwarzen Kopftuch. Außerdem haben Saatkrähen im Vergleich zu anderen Krähenvögeln längere und fülligere »Hosen«. Das schwarze Gefieder weist einen wunderbaren Glanz mit Farbreflexen auf, wohingegen die Flügel der Nebelkrähe matt erscheinen. Die Farbtöne tendieren meist ins Blaue mit einem Schuss Lila und Grünblau auf den Handschwingen und Handdecken. Der lange Schnabel und das nackte Gesicht sind eine Anpassung an die Art der Nahrungssuche. Beim Stochern im Boden erbeuten die Krähen Regenwürmer, Käfer und Insektenlarven. Im Winter kommen Saatkrähen oft an Fütterungen.

Urbane Steppe

Saatkrähen stammen wahrscheinlich aus den weiten Steppenlandschaften im Osten und folgten dem Kulturland, das sich nach Westen ausbreitete. Die Landschaft um die sibirische Stadt Omsk, die ich einmal bereiste, um Großmöwen zu studieren, besteht aus kilometerweiten Grassteppen mit eingestreuten Laubwäldchen. Diese Landschaft kann man sich gut als die ursprüngliche Heimat der Saatkrähe vorstellen. In Schweden ist ihr Vorkommen an die großen Anbauflächen der Kulturlandschaft gebunden,

wobei sie auch Stadtränder und Dörfer besiedelt. Heutzutage scheint sie sich auch innerhalb von Siedlungen zu Hause zu fühlen, denn seit ein paar Jahrzehnten gibt es eine Saatkrähenkolonie in Gotlands Hauptstadt Visby. Offenbar sind dort Verkehrsrondelle, Randstreifen und Parkanlagen sowie die städtischen Grünflächen besonders beliebt. In Schonen gibt es viele Verkehrsinseln, und auch dort scheinen sie beliebte Treffpunkte der Saatkrähen zu sein. Ich wohne so weit draußen auf dem Land, dass es nicht einmal einen Kreisverkehr gibt. Die Vorliebe der Saatkrähen für Verkehrsrondelle hat ihr glücklicherweise noch keine symbolische Bedeutung eingebracht. Die Vögel haben sich an den kurz geschnittenen Rasen angepasst, der immer häufiger wird, während auf natürliche Weise, nämlich durch Weidetiere kurz gehaltene Wiesenflächen mehr und mehr verschwinden. Allein in der Provinz Schonen brüten ungefähr 45 000 Paare, in ganz Schweden rechnet man mit bis zu 48 000 Paaren. Nach kräftigem Anstieg in den letzten Jahrzehnten haben sich die Bestände der Saatkrähe stabilisiert.

Soziales Leben der Saatkrähe

Die Vögel brüten kolonieweise in Gehölzen mit hohen Bäumen, meist im Anschluss an Dörfer und Städte. Ihr Sozialleben, das sich im Vergleich zu dem anderer Krähenvögel mehr in der Öffentlichkeit abspielt, erregte schon frühzeitig das Interesse von Naturbeobachtern. Die anscheinend menschlichen Tugenden der Saatkrähen, wie Ortstreue, Pünktlichkeit und lautstarke Debatten um die Organisation des sozialen Miteinanders, haben einige Engländer zu eingehenden Studien animiert. Der englische Ornithologe und Vogelmaler Franklin Coombs, selbst Saatkrähenspezialist, schrieb 1978 in seinem Buch »The Crows« über Lewis Harding, einen Pionier in der Saatkrähenforschung. Dieser bekam 1847 von seinem Arzt eine Arbeitstherapie verschrieben, um seine psychosozialen Probleme zu heilen. Er sollte sich eine Beschäftigung suchen, die Konzentration erforderte, aber in der weder körperliche Anstrengung noch seelischer Stress zu erwarten war. Über ein Jahr lang studierte er eine Kolonie Saatkrähen und fertigte täglich akribische Aufzeichnungen über das Verhalten der Vögel an. Dies war vielleicht sogar die erste grundlegende Studie über das Verhalten von Vögeln.

Im Winter sammeln sich die Saatkrähen abends gemeinsam mit anderen Krähenvögeln an speziellen Übernachtungsplätzen, wie Bäumen, Alleen oder Wäldchen. Dort treffen die Mitglieder verschiedener Saatkrähenkolonien auf überwinternde Schwärme, wodurch Gesellschaften von Tausenden von Saatkrähen entstehen können. Tatsächlich wurden dabei schon bis zu 16 000 Vögel gezählt. Genau zur »Bettgehzeit« wird es am lautesten. Dann suchen sich bei einbrechender Dunkelheit die Paarpartner und kämpfen um einen guten Platz im Baum.

Saatkrähen verpaaren sich im Herbst und bleiben ein Leben lang zusammen. Da die Vögel in der Kolonie recht eng nebeneinander brüten, ist es wichtig, dass die Paarbindung bereits vor der intensiven Nestbauphase gefestigt ist. Dann können die Vögel ihr Reisignest wirkungsvoll gegen die Nachbarn verteidigen, die nur allzu gern Zweige aus einem unbewachten Nest stibitzen. Wenn die Saatkrähen im Spätwinter zur Brutkolonie zurückkehren, kämpfen sie vehement um die besten Plätze in der Koloniemitte.

Jahresvogel und Zugvogel

In großen Teilen Russlands und des Baltikums ist die Saatkrähe Zugvogel, der mit östlichen Winden nach Südost-Schweden kommt und dort fast überall erscheinen kann – auf Gotland ziemlich pünktlich jeweils ab Mitte Oktober. In Schonen ist die Art mittlerweile überwiegend Jahresvogel, jedoch ziehen viele der nördlichen Populationen im Herbst weg. Sven Nilsson beschrieb 1858 in der »Skandinavisk fauna« die Saatkrähe als Zugvogel, der gegen Ende Februar zurückkehrt. Anscheinend war die Saatkrähe in früheren kälteren Jahrhunderten ein ausgeprägter Zugvogel.

Freudiger, aber erfolgloser Gesang

Saatkrähen sind recht laut, speziell im Bereich der Brutbäume. Ihr häufigster Ruf, »rrraahk«, klingt heller, nasaler und hohler als der entsprechende Nebelkrähenruf. Die Vögel variieren zwar die Tonhöhe, durch seinen speziellen Klang lässt er sich aber aus einer Schar Nebelkrähen heraushören. Da Saatkrähen nur ein winziges Revier um ihr Nest verteidigen, hat der Gesang kaum territoriale Funktion. Ihr Lied ist ein unterdrücktes Schwätzen mit gutturalen und knarrenden Lauten. Der britische Naturbeobachter Gilbert White schrieb 1778 an einen Freund, dass »die Saatkrähen während

junge Saatkrähe

der Brutsaison manchmal mit einem Herz angefüllt von Freude versuchen zu singen, aber leider ohne größeren Erfolg«. White hatte nicht ganz recht, denn Saatkrähen locken singend Weibchen an, speziell die unverpaarten Jungkrähen singen meist abseits der Brutkolonie. Und vielleicht füllt sich ja das Herz mit Freude, wenn man singt. Was die Saatkrähen betrifft, muss man oft unerlaubte Vermenschlichungen entschuldigen. In jeder Studie zu dem Thema gibt es Parallelen im Verhalten von Saatkrähen und Menschen.

Allesfresser

Saatkrähen sind Allesfresser, zur Jungenaufzucht benötigen sie aber vor allem Regenwürmer. Daher bilden feuchte Böden mit kurzer Grasnarbe wichtige Nahrungsbiotope; hier profitieren die Saatkrähen von den Stadtgärtnereien, die ihre Grünflächen pflegen. Die Saatkrähen müssen heutzutage weniger auf Felder fliegen, um genug Futter zu finden, sie folgen dem Trend in die Städte. Allerdings sind ausgedehnte Ackerfluren und Viehweiden nötig, wenn große Schwärme ausreichend Nahrung finden sollen. Hier suchen die Krähen hauptsächlich nach Regenwürmern, Schnakenlarven und Käfern, schätzen aber auch Getreidekörner und andere Feldfrüchte.

adulte Rabenkrähe

Rabenkrähen und junge Saatkrähen

Junge Saatkrähen bekommen ihre nackte, graue Haut an der Schnabelbasis erst im zweiten Sommer. Daher kann man sie leicht mit der Rabenkrähe *(Corvus corone)* verwechseln, einer ganz schwarzen Schwesterart der Nebelkrähe. Die nächsten Brutplätze der Rabenkrähe liegen in Süddänemark. In Südschweden und Norwegen sind sie selten, allerdings sieht man sie regelmäßig in Schonen. Junge Saatkrähen sind eher Einzelgänger, schließen sich aber nicht selten einem Trupp Nebelkrähen an und können dann einige Verwirrung stiften. Die junge Saatkrähe wirkt etwas kleiner als die Nebelkrähe und hat einen spitzeren Scheitel, auch sieht der Schnabelgrund anders aus. Das Polster mit den bürstenartigen Federn auf dem Schnabelfirst ist dicker, wie ein aufgeklebter Schnurrbart, und die Basis der unteren Schnabelhälfte sowie die Schnabelspalte sind heller. Der Schnabel ist auch etwas spitzer. Junge Saatkrähen behalten ihre juvenilen Arm- und Handschwingen sowie die Großen Armdecken, wodurch ein kleiner Kontrast zwischen den neuen schwarzen, blau glänzenden und den matteren braunschwarzen juvenilen Federn entsteht. Am besten ist dies schräg von hinten und bei Gegenlicht zu sehen. Im Frühjahr wird der Kontrast deutlicher.

NEBELKRÄHE
Corvus cornix

Nebelkrähe und Rabenkrähe

WAS KANN MAN über die Nebelkrähe anderes sagen, als dass sie grau und schwarz und auch häufig ist und, ach ja, dass sie jeder kennt? Der Naturmaler Bruno Liljefors liebte die Nebelkrähen als Motiv und schätzte draußen ihre Gesellschaft. Vielleicht waren es seine Schilderungen von Nebelkrähen auf den Zäunen in der uppländischen Landschaft, die den Grund legten für unser Bild von der alltäglichen schwedischen Natur. Liljefors malte viele Krähen. Er gab sogar seiner jüngsten Tochter den Namen Kraka, abgeleitet von »Kråka« (Krähe). Die Nebelkrähe hat auf jeden Fall unsere Volksseele geprägt. Vielleicht sind die beiden Raben des germanischen Gottes Odin, die Späher Hugin und Munin, ebenfalls Nebelkrähen. Möglicherweise sind sie uns durch eine Art Seelenwanderung nähergekommen, haben sich ein harmloseres, alltägliches Image zugelegt, wurden christianisiert und schließlich zum beliebten Kinderlied »mors lilla kråka« *(Mutters kleine Krähe)*. Die Krähe symbolisiert auch das einfache Leben auf dem Land: mit grauem Wollwalkhemd und schwarzem Sakko gekleidet wie der typische Småländer, wenn er am Sonntag – bodenständig und schlau – über seinen Acker wandert, die Augen auf die dunkle Scholle gerichtet.

Das Grau der Krähe

Magnus von Wright beschrieb 1859 das Grau der Nebelkrähe als ein »schönes helles Aschgrau«. Es bedarf schon eines inspirierten Malers, um so ein Urteil zu fällen. Ich kenne keinen Dichter, der ausgerechnet über das Grau der Krähe etwas Schönes gesagt hätte. Die Farbskala ist wie Ruß und Asche, eben ganz alltäglich. Oft wirkt das Grau etwas schmutzig, in manchem Licht auch warm, vielleicht erdig, dann wieder kühl und stahlgrau. Die graue

09.2.2015 1532

10.1.15
10.2.15

Farbe bleicht in der Sonne etwas aus, und während der Mauser sehen die alten Federn heller und wärmer getönt aus, die neuen eher neutral grau. Oft wirkt die Nebelkrähe allgemein dunkel, sei es in einem Baumwipfel oder im Flug. Der schwarze Flügel hat einen marineblauen oder blaulila Ton, der in einen dunkelgrünen Glanz auf den oberen Handschwingen, Deckfedern und auf dem Nebenfittich übergeht. Der Glanz ist aber im Vergleich zu dem der Saatkrähe weniger brillant. An bedeckten Tagen muss man sich anstrengen, überhaupt einen Farbton in dem Schwarz zu entdecken. Jungen Nebelkrähen fehlt zunächst der Federglanz. Im Frühjahr ihres zweiten Kalenderjahres bekommen sie mit den intensiver werdenden Sonnenstrahlen einen immer brauneren Ton auf den Schwungfedern. Daher kann man im Frühjahr die Jungvögel von den Älteren leicht unterscheiden.

Ungewöhnliches Grau

Das Besondere an »unserer« Krähe ist das Grau, denn die meisten Mitglieder der Gattung *Corvus* sind schwarz. Auch zu unserer schwedischen Krähe gibt es eine schwarze Schwesterform, die Rabenkrähe, die in Mittel-, West- und Südeuropa beheimatet ist. Linné nannte 1758 die schwarze Krähe *corone*, was so viel bedeutet wie »Krone« oder »Scheitel«, und unsere graue Krähe *cornix*, also einfach »Krähe«. Die Arealgrenze zwischen Raben- und Nebelkrähe verläuft durch Süddänemark und Deutschland, um die Alpen und durch Italien. Die Nebelkrähe brütet auch in Irland und Schottland. Es wurde lange diskutiert, inwieweit diese beiden Formen verschiedene Arten oder Unterarten sind. Die Vögel selbst wählen sich Partner, die wie sie selbst aussehen, und halten somit die Grenze zwischen den beiden Formen aufrecht. Allerdings ist der Genaustausch zwischen den Populationen recht groß, in einem schmalen Streifen entlang der Arealgrenze gibt es Hybridformen (Mischlinge). Rabenkrähen kommen auch ziemlich regelmäßig nach Südschweden und Südnorwegen.

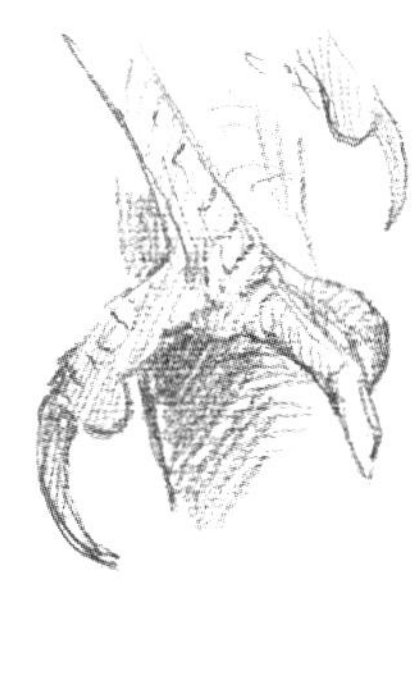

Krähenfuß

Alle Krähenvögel der Gattung *Corvus* sind vor allem Allesfresser und haben gelernt, die Essensreste und andere Abfälle der Menschen zu nutzen. Nebelkrähen sind eng an Siedlungen und die Kulturlandschaft gebunden. In Schweden kommen sie überall vor, wo Menschen leben. Auf der Liste von »Vinterfåglar inpå knuten« landen sie stets auf einem Platz zwischen fünfzehn und zwanzig. In Schweden gibt es rund 100 000 Brutpaare.

Winterkrähen

Die Nebelkrähe ist generell ein Jahresvogel, aber im Herbst kommen auch Vögel aus russischen Brutgebieten zu uns, um dann im Frühjahr wieder dorthin zurückzukehren. Daher ist es nicht immer sicher, ob die Krähen, die in einem bestimmten Gebiet überwintern, dort auch brüten.

Bei mir auf Gotland sind sie misstrauisch, um nicht zu sagen menschenscheu. Man trifft sie überall in der Kulturlandschaft an, anscheinend sind sie ständig winters wie sommers anwesend. Wenn man sich jedoch offensichtlich für sie interessiert und einen Abstand von etwa 75 Metern unterschreitet, fliegen sie meist auf. Erst wenn es richtig Winter ist mit Eis und Schnee, wagen sie sich auch bis zu meinem Futterplatz am Atelier. Um sie aber aus der Nähe zu studieren, muss ich mich hinter einem Vorhang verschanzen oder in einem Versteck vor dem Fenster. Vermutlich sind sie so scheu, weil sie hier auf der Insel immer noch gejagt werden. In Stockholm und vermutlich in den meisten anderen Städten Schwedens muss man die Krähen fast schon vertreiben, wenn man etwas Essbares draußen vor der Tür gelassen hat. Sie lernen schnell, vor was und wem sie sich in Acht nehmen müssen. Hier auf der Insel leben Krähen auch am Strand. Sie haben sich darauf spezialisiert, das zu fressen, was das Meer bietet. Die Strandkrähen haben erkannt, dass kaum Menschen zu ihnen abseits der üblichen Badestrände kommen. Und sie lassen sich leichter zeichnen als die scheuen »Bauernkrähen«.

In den Städten ernähren sich die Krähen oft von den Fast-Food-Resten auf Straßen und Plätzen. Dabei zeigte sich, dass ihre Jungvögel beim Verlassen des Nests ein geringeres Gewicht haben als die vom Land. Die Stadtkrähen schlagen sich aber dennoch ganz erfolgreich durchs Leben. Insgesamt haben sich jedoch die Bestände in der letzten Zeit verringert. Das mag damit zusammenhängen, dass es keine offenen Abfalldeponien mehr gibt. Möglicherweise ist die Konkurrenz durch Kolkraben größer geworden.

Schlaue Vögel

Krähenvögel gelten allgemein als intelligent. Wenn man sie mit anderen Vogelfamilien vergleicht, deren Ernährungsweise etwas mehr spezialisiert ist, dann stimmt das auch. Ein Verhalten, das dem des Menschen gleicht, wird meist als klug gewertet, aber darüber lässt sich immer streiten. Auf jeden Fall haben die Krähenvögel ein im Verhältnis zu ihrem Körpergewicht ungewöhnlich großes Hirnvolumen, was sie mit Schimpansen und Delfinen teilen. Die Allesfresser unter den Vögeln sind meist flexibler und in ihrem Charakter »berechnender«. Und gerade Krähen haben offensichtlich besonders gut entwickelte kognitive Fähigkeiten. Sie können zusammenarbeiten, Werkzeuge herstellen und benutzen, verschiedene Personen unterscheiden, und sie scheinen auch Erfahrungen austauschen zu können. Dadurch ist es immer spannend, Krähen bei der Nahrungssuche zu beobachten, wenn sie sich die Zeit vertreiben oder mit verschiedenen Spielen vergnügen. Ich habe Krähen gesehen, die an einem Zweig schaukelten, indem sie sich entweder mit den Füßen oder mit dem Schnabel festhielten.

Wenn ein Krähenpaar in einem Gebiet sesshaft ist und brüten will, verteidigt es das Revier vehement. Einmal konnte ich beobachten, wie ein Krähenmännchen voller Zorn sein eigenes Spiegelbild in einem meiner Fenster angriff. Nicht besonders klug, oder? Kolkraben lernen ja, ihr eigenes Spiegelbild von dem anderer Vögel zu unterscheiden, aber diese Krähe konnte das offenbar nicht. Ich nehme jedoch an, dass es auch bei Krähen unterschiedliche Intelligenzgrade gibt. Wenn eine Fütterung in einem Krähenrevier liegt, dann kann man sicher sein, dass bis zum Frühjahr nur die beiden Revierinhaber dort erscheinen. Im Übrigen sind Nebelkrähen vielleicht am wenigsten sozial von den Krähenvögeln, denn sie bilden nur selten eng zusammenhaltende Trupps.

Charakterköpfe

Inzwischen habe ich unzählige Male Krähen gemalt oder gezeichnet, aber sie überraschen mich immer wieder mit ihrem Verhalten und unterschiedlichen »Mienenspiel«. Die Scheitelfedern können platt anliegen oder etwas aufgerichtet sein, der Scheitel kann spitz, kantig im Nacken oder mit gesträubten Federn fast rund aussehen. Die schwarze Haube scheint manchmal bis über den Nacken herabzureichen, ein anderes Mal nicht. Möchte man verstehen, was mit den einzelnen Federgruppen geschieht, wie sie ausgerichtet sind, wie sie das Licht reflektieren und wie die Schatten fallen, so dass manche Bereiche ganz schwarz aussehen, andere dagegen glänzen, muss man die Vögel im wirklichen Leben studieren. Die unterschiedliche Stellung und Form der Federn drückt ihre jeweilige Stimmungslage aus. Die Krähen haben allerdings ein großes Repertoire an »Federmimik«, sie können ihren Ausdruck unendlich variieren – als Vogelzeichner wird man nie ganz schlau aus ihnen. Die Federn um den Zügel und direkt unter dem Auge erscheinen in jedem Licht tiefschwarz, und das Auge wirkt oft heller als die Umgebung. Krähen haben auch einen speziellen Gang, ein bisschen wiegend mit nach innen gerichteten Füßen. Wenn sie dann nachdenklich auf etwas herumstochern oder -hacken, sieht es aus, als hätten sie ein Innenleben. Ihr Ausdruck ist eigentlich unbegreiflich und abstrakt, aber ausreichend deutlich, um seine eigenen Gefühle in sie hineinzuinterpretieren.

Rabenkrähe, die schwarze Schwester

Das Aussehen der Rabenkrähe ist interessant wegen der Diskussion über die Frage nach Art oder Unterart. Die Rabenkrähe ist eine exakte Kopie der grauen Nebelkrähe, sowohl in der Anatomie wie im Verhalten – mit dem einen Unterschied, dass ihr Gefieder ganz schwarz ist und Metallglanz aufweist. Da wir Krähen nur grau-schwarz kennen, sind alle schwarzen Krähen in Paris oder London automatisch Saatkrähen. Die einsame schwarze »Saatkrähe« im Hydepark ist jedoch fast immer eine Rabenkrähe. Junge Saatkrähen, denen noch der nackte, graue Schnabelgrund fehlt, können genauso verwirren wie diese Rabenkrähen (siehe Seite 227). Mischformen zwischen Raben- und Nebelkrähe gibt es in Schweden vielleicht häufiger als reine Rabenkrähen. Sie können einer Rabenkrähe stark ähneln, lassen sich aber doch identifizieren, weil ein Teil ihres Gefieders nicht hundertprozentig schwarz ist.

Tropfen aufs Metallrohr

Die Krähenrufe sind so bekannt, dass wir selten wissen wollen, wie sehr sie tatsächlich variieren. Oft ist es ein etwas gezogenes Knarren wie »ahrrrk«, das in ziemlich schneller Folge mehrfach wiederholt wird. Entspannte Vögel äußern einen weicheren, melodischeren Ruf, »aaohrrk«, bei Erregung schimpfen sie laut »kaop kaop kaop«. Nicht selten scheinen die Krähen zu balzen oder zu singen, dann beugen sie den Kopf nach unten und äußern eine Serie von metallisch klingenden Tönen, die aus einer tieferen Quelle zu stammen scheinen, wie Tropfen, die in einem Betonkeller auf ein Metallrohr fallen: »klao«. Beim Rufen schließen sie die Augen mit der hellblauen Nickhaut, dann sehen sie fast »flippig« aus. Ein Sperber wird von den Krähen mit einem trocken knarrenden »Krrrrr« gemobbt. Im Warnruf drücken sie ihre eigene Unruhe aus. Ein Habicht bekommt eher ein empörtes, lautstarkes Schelten in höherer Tonlage zu hören: »krääh krääh«.

Es kann sich durchaus lohnen, an einem stillen, ruhigen Morgen in der Natur die Krähen bei ihren Zwiegesprächen zu belauschen.

KOLKRABE

Corvus corax

DER KOLKRABE ist der größte Krähenvogel und sogar der größte Singvogel auf der Erde. Von Weitem und im Flug erschließt sich nicht immer seine Größe, nur allzu leicht verwechselt man ihn bei flüchtigem Hinsehen mit einer Saat- oder Rabenkrähe. Er ist jedoch bussardgroß und hat eine Flügelspannweite von eineinhalb Metern. Seine Größe wird offenbar, wenn man ihn zusammen mit anderen Krähenvögeln oder mit einem Greifvogel sieht. Ein Männchen wiegt gut ein Kilo und ist damit doppelt so schwer wie eine Krähe. Der Schnabel erscheint vor allem beim Männchen überdimensioniert; er ist völlig schwarz, glänzt deutlich und schillert in Blau und Lila. Im Flug erkennt man die typische Silhouette an den im Vergleich zu Krähen längeren und spitzeren Flügeln und am keilförmigeren Schwanz.

Der Kolkrabe besucht keine Vogelfütterungen, wo Samenmischungen und Talg angeboten werden. Trotzdem steht diese Art auch auf der Liste von »Vinterfåglar inpå knuten«. Vermutlich hat noch kein Kolkrabe seinen Fuß in einen Villengarten oder auf einen Balkon gesetzt, sondern die Raben wurden von einer Greifvogelfütterung angelockt, oder die eine oder andere Saatkrähe wurde als Kolkrabe fehlbestimmt. Die großen Raben bedienen sich gern an ausgelegtem Fleisch, sind aber viel zu misstrauisch, als dass sie in der Nähe von Häusern Nahrung suchen. Inzwischen sind sie wieder in den meisten Provinzen Schwedens heimisch, nachdem sie Mitte des letzten Jahrhunderts fast nur noch in Norrland und an der Westküste vorkamen. In Schweden schätzt man den Gesamtbestand auf 32 000 Paare.

Das Rufrepertoire ist dem der Krähen ähnlich, alle Laute haben jedoch den typischen »Rabenklang«. Vorbeifliegende Kolkraben äußern oft raue »krroap«-Rufe, wobei besonders der Vokal im Klang sehr klar ist. Während des Balzflugs hört man ein kurzes »Klong«, ohne r-Laut, das sehr weit schallt. Bei Gefahr rufen die Vögel hart »krack-krack-krack«.

Kluge Kolkraben

Der Kolkrabe ist eine zentrale Gestalt in der nordischen Mythologie und seit Langem für seine Intelligenz bekannt. Klugheit und kognitive Fähigkeiten sind schwierige Begriffe, wenn es um Vögel geht. Alle Tierarten, die wir für intelligent halten, haben ein im Verhältnis zum Körpergewicht großes Gehirn. Vögel stammen von Dinosauriern ab und konnten sich während dreihundert Millionen Jahren parallel zu Säugetieren und Menschenaffen entwickeln. Hinsichtlich seiner kognitiven Fähigkeiten ist der Kolkrabe natürlich nicht einzigartig. Zum Teil entsprechen sie denen der anderen Krähenvögel. Sich selbst in einem Spiegel zu erkennen, schaffen außer dem Menschen nur Elefanten, Delfine, Kolkraben und Schimpansen. Kolkraben können für einen bestimmten Zeitraum planen, sie können Probleme erkennen und sich die Lösung dafür ausrechnen. Sie können Trost spenden und sich mit einem Widersacher versöhnen. Sie können sich in einer Hierarchie bewegen, ihre Rolle verstehen und dementsprechend agieren, um in der Rangfolge nach oben zu gelangen. Alle Krähenvögel können spielen, sie beherrschen oft komplexe Spiele und erfinden ständig neue.

Es war ein Nachmittag gegen vier Uhr an einem grauen Dezembertag. Die Dämmerung lag über der Landschaft. Ich malte Krickenten in meiner Bucht. Mit dem Fernrohr blickte ich ein letztes Mal über die offene Landschaft Richtung Faludden, als ich dort ein Paar Kolkraben auf einem Stein bemerkte. Sie schienen ihr »Tagwerk« geschafft zu haben, hatten keine Nahrungssuche mehr im Sinn, sondern sammelten sich vor dem Abflug zu einem Nachtquartier. Der männliche Vogel war etwas in sich gesunken, als das Weibchen einige Schritte auf ihn zuging und ihn im Nacken zu kraulen begann. Er schien dies zu genießen, und nach einer Weile sah ich, wie sein großer Schnabel schwerer wurde und langsam niedersank. Da stupste sie ihn ein paar Mal leicht unter den Schnabel, worauf er wach wurde und den Kopf wieder aufrichtete. Sie kraulte ihn weiter, und natürlich dauerte es nicht lang, bis sein Kopf wieder niedersank. Da wurde sie resolut. Sie drückte seinen Schnabel erneut aufwärts, als ob sie sagen wollte: Jetzt konzentriere dich mal! Ihre Ermahnung war bestimmter, weniger sanft als vorher. Und tatsächlich stand er aufrecht da, bis sie fertig war. Dann flogen beide nach Osten zum Honngännawald. Vogelig oder menschlich? Egal, der Unterschied ist unwichtig, die Gemeinsamkeiten überzeugen.

Weibchen im Herbst

STAR

Sturnus vulgaris

DEN STAR verbinde ich seit meiner Kindheit mit zeitigem Frühjahr. Zusammen mit den ersten Lerchen verkündete er den Frühling in den südlichen Vororten von Stockholm, wo ich in den 60er-Jahren aufwuchs. An einem Tag, vielleicht war es der erste milde Märztag, saßen drei schwarze, kurzschwänzige Vögel auf der Spitze einer Espe oder Eiche. Sie brüteten mit Vorliebe unter Dachziegeln und suchten einen Singplatz in Nestnähe. Als die Fernsehantennen mit ihrem regelmäßigen »Geäst« auf den Ziegeldächern der Reihenhäuser aufkamen, wurden sie bald zu den Notenständern der Stare. Heute dienen die Antennen nur noch als Sitzplatz für Stare und Schwalben. Ich würde ja gern sagen, dass ich die Antenne nur für die Stare behalten habe. Da aber auch die Satellitenschüssel noch nicht abgebaut ist, sind es leider andere Gründe, dass das Erbe der Fernsehgeschichte immer noch unsere Schornsteine und Dächer »ziert«.

Zu Beginn der 80er-Jahre schrumpften die Starenbestände drastisch. Seit 1975 hat sich ihre Zahl halbiert. Für mich verloren die Stare ihre Bedeutung als Frühlingsverkünder, nachdem ich nach Gotland gezogen war. An ihre Stelle traten andere Frühjahrsvögel. Im Norden sind die Stare Zugvögel. Als Kurzstreckenzieher verbringen sie den Winter in Westeuropa, viele in Großbritannien, denn dort versiegen ihre Nahrungsquellen nicht durch Frost. Nur wenige bleiben im Winter hier. In Schweden rechnet man mit 640 000 Paaren, die hauptsächlich in der Nähe von Anbaugebieten oder Kulturland mit Feldern und Wiesenflächen brüten.

Sofort nach dem Flüggewerden schließen sich die Jungstare zu großen Schwärmen zusammen und ziehen weit umher. Oft wandern sie bereits im Juni ab. Mit der Mauser sind die Jungstare meist noch nicht bis zum Oktober fertig, dennoch findet der eigentliche Zug in die Winterquartiere vor allem im Oktober und in der ersten Novemberhälfte statt.

Auf den Listen für »Vinterfåglar inpå knuten« schwankt die Anzahl der gemeldeten Stare zwischen ein paar Hundert bis einigen Tausend. Bei mir auf Südgotland sehe ich nicht selten etliche Stare, die anscheinend überwintern und die letzten Winteräpfel in den Gärten fressen. Wenn es richtig kalt wird, suchen sie am Strand im Tang nach Nahrung. Unter den blattartigen Ästen der Tange herrscht durch die Zersetzungsarbeit der Bakterien ein wärmeres Mikroklima, in dem Insekten und kleine Krebstiere existieren können, auch wenn die Luft darüber unter null Grad absinkt.

Amseln und Gimpel plustern ihr Gefieder auf, um sich vor Frost zu schützen, und sehen dann aus, als hätten sie Daunenjacken gegen die nordische Winterkälte angezogen. Stare hingegen wirken bei Eis und Schnee verfroren, die britischen Winter sagen ihnen mehr zu.

Blick durchs Guckloch

Beim Star meint man, dass das Auge unterhalb des Schnabels sitzt. Tatsächlich befindet es sich auf gleicher Höhe wie die Schnabelkanten. Das hat Vorteile bei der Nahrungssuche: Der Vogel sticht den Schnabel in die Erde oder in den Tang, öffnet ihn leicht (»Zirkeln«) und blickt direkt in den entstandenen Spalt, ob er etwas Fressbares entdeckt. Dabei sitzt das Auge perfekt in der Verlängerung der Schnabelkanten. Im Frühjahr ist die Oberfläche von Feldern oder Tangbänken oft von diesen kleinen Gucklöchern perforiert. Stare leben nomadisch, sie folgen ihrem Nahrungsangebot oder ziehen ihm hinterher. Nach ihrer Ankunft im Frühjahr bevorzugen sie Würmer und Insekten, die sie aus der feuchten Erde herausstochern. Haben sie flügge gewordene Junge zu versorgen, sind im Laub lebende Raupen begehrt. Während des Sommers verzehren sie Heuschrecken, Schmetterlinge und fliegende Ameisen, im Herbst viele Beeren und Früchte. Im britischen Winter bilden wiederum Würmer und Käfer ihre Hauptnahrung.

Der Federdress

Junge Stare wechseln im Unterschied zu Drosseln ihr gesamtes juveniles Gefieder einschließlich der Schwung- und Steuerfedern. Deshalb ähneln sich junge und adulte Stare ab Oktober stark, im Spätherbst wirken die

Starenschwärme sehr homogen. Allerdings gelingt es häufig, Jungvögel zu identifizieren, wenn man die Flankenfleckung aus der Nähe prüft: Altvögel haben spitze Flecken mit dunklerem Schaftstrich, der in den Fleck hineinzeigt, die jüngeren Vögel besitzen größere, eher herzförmige und weniger scharf konturierte Flecken. Dieses Merkmal ist im Feld aber nur schwer zu sehen. Mitunter behalten Jungvögel jedoch eine einzelne braunbeige Armschwinge bei, oder sie weisen oft noch den ganzen September über einzelne juvenile Federn auf, speziell am Kopf.

Die adulten Männchen besitzen an der Kehle sehr schmale, lanzettförmige Federn, die intensiv blaulila glänzen. Die spitzigen Flecken haben in den Federspitzen kaum Platz, daher wirken die Männchen an der Kehle kleinfleckiger als jüngere Vögel und Weibchen. Jüngere Weibchen haben im ersten Winter oberseits oft breitere, mehr abgerundete beige Federsäume, speziell der Bürzelbereich sieht häufig richtig braunbeige aus. Der Schnabel ist im Herbst und Winter meist schwärzlich gefärbt und wird zum Frühjahr hin allmählich heller.

Wenn die Stare im März nach Schweden zurückkommen, erleben wir hier oft einen erneuten Wintereinbruch. Dann erscheinen die Vögel auch am Futterplatz. Nicht selten tragen sie noch viele ihrer weißen »Pailletten«. Allerdings legen die Männchen rasch ihr ölig glänzendes Prachtkleid an. Im Frühjahr ist der Schnabel der Männchen gelb mit blaugrauer Basis, bei den Weibchen überwiegend gelb mit rosa Schnabelbasis. Weibchen weisen außerdem einen heller braunen oder rotgrauen Ring in der Iris auf, was ihnen einen »boshafteren« oder starreren Gesichtsausdruck verleiht. Sieht man die Vögel im Herbst und Winter aus der Nähe, kann man anhand der unterschiedlichen Irisfärbung die Geschlechter identifizieren.

Knirschen und Imitieren

Stare lassen das ganze Jahr über ihren Gesang hören, nicht selten singen sie an schönen Herbsttagen auf einer Baumspitze leise vor sich hin. Ihre sehr variablen Gesangsdarbietungen mit ganz unterschiedlichen Spottmotiven und arteigenen Knirschlauten scheinen aus mehreren Kehlen zugleich zu kommen. Der Star tritt als eine Art Einmannorchester auf. Er spielt kleine Melodien – oft mit Imitationen von Großem Brachvogel bis Sturmmöwe – auf der Violine und begleitet sich selbst mit knarzenden und knackenden Lauten sowie rhythmischem Klingeln der Triangel.

Seine Charaktereigenschaften drücken sich ein bisschen in seinem Aussehen aus – zackig und energisch. Wenn ein Trupp in einen Obstbaum einfällt oder an Äpfeln am Boden pickt, wirken die Vögel wie aufgedreht, denn sie fressen und rufen gleichzeitig. Nicht selten jagen sie Drosseln mit kurzen, schnellen Schnabelstößen weg. Haben einige Vögel im Trupp einen Sperber oder eine andere Gefahr entdeckt, warnen sie die Artgenossen mit ein paar schnellen »pitt«-Rufen. Augenblicklich verstummt der Trupp und erhebt sich in die Luft.

verwaschene Außenkante
untere Schulterfedern
junges Männchen schärfer abgegrenzt
mehr beige
jung
Federzentren grauer als bei Männchen ohne Metallglanz
junges Weibchen
adultes Weibchen
adultes Männchen im Frühjahr, Schnabelbasis babyblau
junges Weibchen im Frühjahr, Schnabelspitze dunkel
die weißen Flecken auf den Flanken bei jungen (oben) und adulten (unten) Weibchen

Weibchen

Männchen im Winter

HAUSSPERLING

Passer domesticus

DER HAUSSPERLING ist eng an menschliche Siedlungen gebunden und brütet überall dort, wo Menschen wohnen, sogar am Nördlichen Eismeer. Die Art ist einst den Menschen und der Landwirtschaft bis in den Norden Europas gefolgt. Früher kamen die Sperlinge zahlreicher vor, als die Tierhaltung noch weiter verbreitet war und die meisten Höfe eine vielfältigere Wirtschaftsweise betrieben. In den Städten fühlten sie sich am wohlsten, als das Pferd noch Haupttransportmittel war. Durch die immer intensivere und spezialisiertere Landwirtschaft und durch die Zusammenlegung von Höfen schrumpften jedoch die Nahrungsgründe der Haussperlinge stark. Die Vögel brauchen warme Ställe mit vielen Insekten sowie Feldfrüchte, die im Winter Samen liefern. Um in den Städten leben zu können, sind wahrscheinlich Fütterungen und Essensreste die wichtigsten Voraussetzungen. Es gibt aber immer noch etwa 450 000 Brutpaare in unserem Land, die Hälfte davon in Siedlungen, die andere Hälfte um Bauernhöfe herum. Im Vergleich dazu werden die Buchfinkenbestände auf über acht Millionen Paare geschätzt. Trotzdem halten viele Städter den Haussperling für den »gewöhnlichsten« Vogel, da er lokal immer noch recht häufig ist und im Sommer um die Tische der Cafés hüpft.

Den wissenschaftlichen Namen des Haussperlings assoziiert man mit dem Einfachen und Alltäglichen. Die Sperlinge fressen eben am liebsten die Brotkrümel von unseren Tischen und die unverdauten Körner aus den Pferdeäpfeln. Daher projiziert man gern menschliche Eigenschaften in diese Vögel. Der Haussperling ist ungewöhnlich bodenständig und bewegt sich selten mehr als ein paar Hundert Meter weg vom Hof oder Haus, wo er nistet. Er fliegt höchstens etwas weiter, wenn es dort eine gute Futterquelle gibt. Darum begegnet man einem Haussperling selten draußen in der Kulturlandschaft oder an einem Futterplatz, wenn es in der Nähe keine

Nistmöglichkeit gibt. Bei meinem Atelier sehe ich nur hin und wieder einzelne Haussperlinge, doch etwa einen Kilometer davon entfernt auf dem Bauernhof, in dem ich wohne, sind sie zahlreich vertreten. Am liebsten halten sie sich auf dem Hofgelände auf. Jungvögel streifen dagegen in ihrem ersten Lebensjahr etwas umher. Haussperlinge brüten normalerweise mindestens zweimal pro Jahr, oft sogar dreimal. Sie brüten mit Vorliebe in Gebäudehöhlen und unter Dachziegeln. Anderswo in Europa bauen sie mitunter sogar Freinester in dichten Büschen.

Des Haussperlings Kleider

Im Juni aus der Nähe betrachtet, weist der Haussperling kräftige Farben aus Leberbraun, Stahlgrau und Rostrot auf. Mit dem Schwarz an Zügelbereich und Brust und den weißen Wangen, die sich davon abheben, könnte man ihn als schön bezeichnen. Das Weibchen zeigt eine unauffälligere Färbung mit verschiedenen Schattierungen in Sepia, Grau und Beige.

Im Winter verbergen sich die kräftigen, klaren Farben der Männchen unter hellgrauen oder beigen Federsäumen, denn die Vögel mausern im Spätsommer und Frühherbst. Die zugrundeliegende Musterung ist zwar da, aber alle Kontraste sind weichgezeichnet. Nur die Flügel sind klarer gefärbt, obwohl sie breitere helle Säume aufweisen. Das Schwarz der Vorderseite ist jetzt auf den Zügelbereich und einen kleinen Fleck unter dem Schnabel beschränkt. Der Schnabel färbt sich nach der Brutsaison strohgelb oder graugelb, wird aber im Spätwinter wieder schwarz. Der leberbraune Streif über die Kopfseiten und weiter auf den Hinterkopf bekommt im Winter eine beigefarbene Mitte. Im Frühsommer hebt sich das Weiß von Halskragen und Wangen von den grauen Ohrdecken leuchtend ab, doch dieser Kontrast ist im Winter, besonders bei den jungen Männchen, noch unter den Federsäumen verborgen. Nachdem die Jungen bereits im Geburtsjahr alle juvenilen Federn mausern, fällt die Unterscheidung zwischen jungen und älteren Männchen im Winter schwer. Ich meine jedoch, dass die älteren Männchen am Kopf klarer gezeichnet sind – mit dunklerem Zügel, intensiverem Kastanienbraun und mit einem reineren Grau auf dem Scheitel. Ich habe aber nicht untersucht, ob man generell die jungen Männchen im ersten Winter identifizieren kann. Auf jeden Fall variieren die Männchen im Winter von deutlich gezeichnet zu weniger kontrastreich, vermutlich

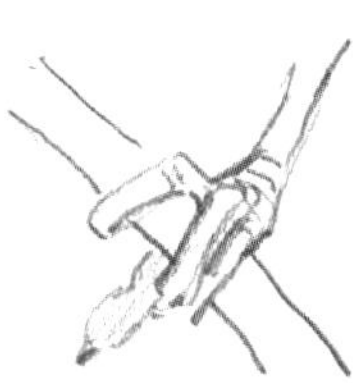

Männchen im Frühjahr

Männchen im ersten Winter. Junge Männchen im Herbst haben einen schöneren Schnabel ohne harte Farbübergänge, während der der älteren Männchen eher abgewetzt und »ungepflegt« aussieht. Der schwarze Latz der Männchen bildet sich nach und nach im Frühjahr, im Hochsommer ist er am markantesten. Bei den Weibchen kann ich keine Alterskriterien feststellen, aber sie können sich im Gesicht stark unterscheiden. Manche haben dunkler graue Wangen, während andere dort ein bleiches Beigegrau aufweisen. Ihr Gesichtsausdruck ist freundlich und ansprechend, das gesamte Gefieder enthält feine Schattierungen von Beige und Graubraun.

Debatte im Busch

Meine Studienobjekte wohnen unter den Dachziegeln unserer Schmiede und nutzen eine Heckenkirsche als Wohnzimmer. Dieser Busch ist ihre Burg, dort beginnt der Tag mit einer Versammlung im Morgengrauen, bevor die Vögel zur »Arbeit« auf den Hof fliegen, und dort finden untertags intensive Meetings statt. Auch vor der Nachtruhe versammelt sich die Gesellschaft in diesem Busch. Die Debatten sind immer lebhaft, besonders im Spätwinter und Frühjahr. Es ist nicht ganz leicht, die Laute zu notieren und zu interpretieren. Meistens spielt es auch keine Rolle, denn in dem betreffenden Busch sitzen sowohl Feld- als auch Haussperlinge, was nicht ungewöhnlich ist. Eigentlich halten sich beide Arten im Busch auf und »tschilpen«, aber das passt besser zu den Feldsperlingen, Haussperlinge »keifen« eher. Ihre Kontaktlaute sind Variationen ein und desselben Motivs: »kjeäp, kjüpp-üpp, kurr-tchip, kävv« und so weiter. Manchmal äußern sie ein gedehnteres »Tziepp« als die Feldsperlinge. Bei Streitereien oder allgemeiner Unruhe schimpfen sie in quengelndem Stakkato. Mitunter hört man auch ein ungewöhnliches »Ouip«. Oft beginnt die Debatte ganz ruhig, um in ein Stakkato überzugehen, wenn sie um Ruheplätze zu streiten scheinen. Ganz plötzlich kann die Gruppe verstummen, vermutlich ausgelöst durch etwas, das einer von ihnen für gefährlich hält.

Haus- und Feldsperlinge benötigen immer dichtes Gebüsch als Zufluchtsort und Versammlungsplatz. Oft fliegen sie schnell zu einer Futterquelle, bei der Rückkehr stürzen sie sich rasant in ihren Busch. Foppt man sie mit einigen Warnlauten, hüpfen sie neugierig im Busch hin und her und versuchen einen Blick auf die vermeintliche Gefahr zu erhaschen.

Findige Futtersuche

Die Nahrung der Sperlinge besteht aus Samen von Kräutern und Gräsern sowie Getreidekörnern von Feldern und Ernteresten an Scheunen, aber auch Essensreste von städtischen Cafés und Restaurants verschmähen die Vögel nicht. Sie verzehren ebenso grüne Blätter, Knospen und verschiedene Früchte wie Weintrauben, Äpfel und Birnen. Im Sommer bekommen die Jungen anfangs vor allem Insekten und Spinnen. Haussperlinge vertilgen auch große Mengen an Blattläusen, was jeden Gärtner erfreuen sollte. Sie sind anpassungsfähig und wenden offensichtlich bei der Nahrungssuche verschiedene Techniken an. Nicht selten dringen sie dabei in scheinbar geschlossene Gebäude ein. Auf Ziegeldächern suchen sie nach Spinnen und Insekten, manchmal versuchen sie sogar, fliegende Insekten zu fangen.

Männchen im Winter

Winter

FELDSPERLING

Passer montanus

WER WENIG INTERESSE an der Vogelwelt hat, kann Haus- und Feldsperlinge nicht auseinanderhalten. Auf den ersten Blick gleichen sich beide Arten sowohl optisch als auch im Verhalten. Doch am schwarzen Wangenfleck und am einfarbig rotbraunen Scheitel kann selbst ein Laie den Feldsperling erkennen. Möglicherweise fördert das sogar das Interesse an weiteren Vogelstudien. Beim Feldsperling unterscheiden sich die Geschlechter nicht. Er ist etwas kleiner als der Haussperling und zeigt allgemein mehr Beige und Rotbraun, auch die Bauchseiten sind beige und nie grau wie beim Haussperlingsmännchen. Bei beiden Arten ändert sich die Schnabelfärbung nach der Brutsaison. Beim Feldsperling wird jedoch nur die Basis gelblich, während der übrige Schnabel schwarz bleibt. Außerdem verändert sich die Gefiederfärbung nicht durch Abstoßen der Federsäume wie beim Haussperlingsmännchen. Die Brust bleibt hell, ein großer, schwarzer Brustfleck wie beim Haussperling fehlt völlig. Der schmale, weiße Kragen des Feldsperlings ist im Nacken unterbrochen, dort zieht sich das Braun des Scheitels auf den Rücken. An der Unterkante des Kragens verläuft ein dunkel gefleckter, etwas fransiger Rand, den man nur sieht, wenn sich der Vogel streckt. Der dunkle Wangenfleck kann in der Größe leicht variieren, manchmal verschmilzt er fast mit den braunen Nackenfedern. Jungvögel unterscheiden sich von Altvögeln durch einige Haussperlings-Merkmale wie die graue Scheitelmitte. Sie können daher für Mischlinge beider Arten gehalten werden. Wangenflecken und Brustlatz sind bei ihnen schmutzigbraun. Diese Vögel sieht man nicht im Winter, aber wie beim Haussperling kann sich die Mauser bis in den Oktober hinziehen.

Häufiger Gast am Futterhaus

Feldsperlinge sind im Vergleich zum Haussperling eher in der Kulturlandschaft anzutreffen, kommen aber auch in Siedlungen mit Gärten und Grünanlagen vor. Sie meiden jedoch Städte mit nur Steinhäusern. Zudem unternehmen sie ausgedehntere Flüge, die sie weiter von ihren Nistorten wegführen. Daher finden sie im Vergleich zu den eher ortstreuen Haussperlingen schneller neu angelegte Futterplätze in der Nähe. Trotzdem ist auch der Feldsperling ein ausgesprochener Jahresvogel.

Seine Vorliebe für Gärten, Häuser und vor allem für Samen macht ihn zu einem der drei häufigsten Besucher von Fütterungen. Im Rahmen der Wintervogelzählung »Vinterfåglar inpå knuten« wurden 2015 rund 125 000 Feldsperlinge gemeldet. Die Zahl der Brutpaare wird auf 420 000 geschätzt, davon erscheint wohl ein Großteil an Futterplätzen. Ich habe oft bis zu hundert Feldsperlinge an meiner Fütterung, manchmal kommen sie mir fast etwas aufdringlich vor. Sie besetzen nicht selten den großen Futterautomaten und schleudern alles heraus, bis sie ihre Lieblingssamen gefunden haben. Getreide und Sonnenblumenkerne landen so auf dem Boden, denn sie ziehen kleinere Samen wie Hanf und Hirse vor. Mit Vorliebe hängen sie sich auch an Meisenknödel. Wenn zwei oder drei Feldsperlinge dort »geparkt« haben, kommt keine Meise mehr zum Zug. Dann muss schon ein Eichelhäher oder ein Buntspecht anfliegen, damit sie Platz machen. Die Jungvögel werden im Frühjahr und zur Brutzeit hauptsächlich mit Insekten und Raupen gefüttert. Feldsperlinge suchen gern in der Nähe liegende Äcker, Brachflächen oder Strände auf, um dort Samen von Beifuß und anderen Kräutern zu fressen.

Frühjahr

Spätwinter

Tschilpende Laute

Die Lautäußerungen von Feld- und Haussperling ähneln sich, doch da beide Sperlinge meist recht häufig sind, muss man ihre Artzugehörigkeit nicht über die Stimme lösen. Wenn nur eine von beiden Arten in einer Hecke wohnt, ist es vermutlich schwer, einen Feldsperling aus dem Stimmengewirr der Haussperlinge herauszuhören und umgekehrt. Hört man aber den Feldsperlingen bewusst zu, dann zeigen ihre Rufe doch eine andere Tonlage und einen anderen Klang. Feldsperlinge äußern etwas hellere und eher tschilpende Rufe – oft als kurzes »Tjipp tjepp« oder manchmal »Tjülp«. Nicht selten hört man ein rhythmisches »Tjipp … tjölp«, das dem »Kjeäp« des Haussperlings entspricht. Feldsperlinge rufen auch stärker gedehnt »tziepp«. Bei Erregung hört man von ihnen ein doppeltes »Tjett-ett«. Die »Zankrufreihe« des Feldsperlings oder sein Stakkato klingt weniger quengelnd, sondern härter und metallisch: »tjett-ett-ett-ett-ett-ett«, der Flugruf ist »küpp küpp« oder »tjett-tett«. Selbst wenn Sie das Repertoire des Feldsperlings anders interpretieren, unterscheiden sich beide Arten stimmlich. Feldsperlingen zuzuhören ist auf jeden Fall recht entspannend.

Bofink 13/1 2012
första vinter

BUCHFINK

Fringilla coelebs

EIN BUCHFINK am winterlichen Futterplatz entspricht nicht dem farbenfrohen, selbstbewussten, geselligen Fink im April. Während des Winters treten die Vögel recht bescheiden auf. Sie bewegen sich ruhig und suchen am Boden nach Samen. Direkt an den Fütterungen streiten sich die frechen Feldsperlinge oder zänkischen Grünfinken um die besten Plätze. Dagegen scheinen die Buchfinken methodisch vorzugehen. Jeder »arbeitet« für sich und meidet das Gedränge. Deshalb übersieht man die Buchfinken leicht.

Die meisten Überwinterer sind Männchen, davon bleiben vor allem die jüngeren im Land. Dieses »Jungvolk« unterscheidet sich im ersten Winter deutlich von den Buchfinken, die wir im April oder Mai sehen. Die Jungvögel ähneln eher Weibchen durch den heller rostfarbenen Ton, da braunbeige Federsäume einen Teil der ansprechenden Färbung überdecken, die Buchfinken im Frühjahr auszeichnet. Aber sie haben stets mehr Braunrosatöne als die Weibchen. Wie bei Letzteren sieht man bei ihnen zwei braune Bänder auf dem Scheitel, der kastanienbraune Ton auf dem Rücken ist zum Teil beigebraun gedämpft. Auch die älteren Männchen tragen ein Schlichtkleid mit weniger klaren Farben. Das Prachtkleid entsteht im Frühjahr erst durch Abnutzen der hellen Federsäume. Die Färbung des Schlichtkleids entspricht den Farben des Bodens, dadurch sind die Vögel während des Zugs und im Winterquartier besser getarnt. Das Blaugrau an Scheitel und Nacken erhält einen beigen Anstrich, der schwarze Stirnfleck ist verborgen, das kalte Braunrosa auf der Brust bekommt einen helleren, mehr beigefarbenen Ton. Der Schnabel ist im Winter hell beigerosa, nur die Spitze ist dunkel. Zum Frühjahr hin wird er graublau mit schwarzer Spitze. Gesellen sich im Frühjahr Männchen in voll entwickeltem Prachtkleid zu den schlichten jungen Buchfinken aus nördlicheren Brutgebieten, sieht man oft einen deutlichen Unterschied.

Schwedens zweithäufigster Vogel

Der Buchfink steht in Schweden hinter dem Fitis an zweiter Stelle in der Häufigkeit. Die Bestände werden auf achteinhalb Millionen Paare geschätzt. Die meisten Menschen kennen ihn gut und sehen ihn gern als Frühlingsboten, denn er erscheint, wenn die Leberblümchen blühen. Buchfinken erwecken gleichsam den Winterwald zu neuem Leben. Und oft sind sie die ersten, die tagsüber den Wald mit Gesang erfüllen.

In Nordeuropa ist der Buchfink hauptsächlich Zugvogel. Die größten Wanderbewegungen finden im Oktober statt und verlaufen in südwestlicher Richtung. Die schwedischen Brutvögel überwintern meist in Westeuropa, viele auch in England. Finnische Vögel verbringen die kalte Jahreszeit dagegen in einem breiten Korridor von Südschweden bis zur Iberischen Halbinsel, vor allem in Südwestfrankreich. Die wenigen Buchfinken, die in Schweden bleiben, werden meist von den Fütterungen angelockt. Davon findet man wiederum die meisten in den südlichsten und südwestlichsten Provinzen. So sind die Finken in Halland und Schonen häufig Wintergäste an den Fütterungen. Bei mir auf Südgotland erscheinen sie ebenfalls regelmäßig, manchmal zu fünft, mitunter auch bis zu zehn Vögel.

Dankbares Modell

Den Buchfink habe ich schon recht oft gemalt. Im Frühjahr konkurrieren die Männchen um den Platz des schönsten schwedischen Vogels. Im Herbst und Winter fordern mich die schwierigen Zeichnungen und Schattierungen als Maler heraus. Eine Zeit lang hatte ich mich auf die Weibchen konzentriert, speziell im Herbstkleid. Dabei entdeckte ich eine kleine Schönheit unter den schwedischen Vögeln, die ich früher nicht so zu schätzen wusste. Das Weibchenkleid zieren im Herbst ebenfalls andere Schattierungen, aber es unterscheidet sich dann kaum vom gewohnten Frühjahrskleid. Bis auf die kontrastreichere schwarzbraune, weiße und gelbe Flügelzeichnung sind Weibchen überwiegend braun, beige und grau. Wie so oft sind die Farben des Herbstkleids reicher an feinen Tönungen, es hat geringe Abstufungen und weiche Übergänge. Im Frühjahr ist das Gefieder stärker abgenutzt, dann verschwinden diese Details.

Weibchen im Winter

adultes Männchen im Winter

Eines Tages bekam ich Lust, diese Nuancen bei den Buchfinkweibchen festzuhalten. Etwas im Gesicht und am Kopf sprach mich an und foppte mich gleichzeitig. Am Kopf befinden sich einige fein abgestimmte Beigetöne, etwa Braunbeige und helles Weißbeige. Der helle Fleck an der Kehle wird unten von einer etwas dunkleren Borte eingerahmt, am Halsansatz zur matt graubeigen Brust hin wird das Gefieder wieder hell. Diese kleinen, fein abgestimmten Übergänge sind nur in einem bestimmten Lichteinfall bei bedecktem Himmel zu sehen. Einen passenden Hintergrund bekommen diese braungrauen Töne auf sandigen Äckern auf Südgotland, dann können wir sie auch wahrnehmen. Ich denke an Sand in unterschiedlichen Tönungen, der beim Rieseln feine Muster bildet mit absolut gleichmäßigen Übergängen – ein Aquarell, das noch auf seine Entstehung wartet.

Der Buchfink hat eine Schwesterart, den Bergfink, mit entsprechender Gestalt. Vielleicht ist der Buchfink etwas kleiner und hat einen kleineren Schnabel. In gemischten Herbstschwärmen können die Weibchen beider Arten ähnlich aussehen, der Bergfink zeigt jedoch stets einen weißen Bürzel, der beim Auffliegen sichtbar wird. Auch weist er mehr Orange- oder Ockertöne auf, der Schnabel ist intensiver gelb, die dunkle Spitze deutlicher. Bergfinken kennzeichnet jedoch ein dunkles, kontrastreicher und schärfer abgesetztes Band über den Scheitel und Nacken. Zudem weisen sie einige Tropfenflecken auf den Flanken auf, die Buchfinken fehlen.

Bergfinkweibchen

Weibchen am Kopf graubraun, Augenklammer ansprechernd hautfarben beigerosa, meist sichtbar

Buchfinkweibchen

Buchfinkmännchen, 1. Winter, weibchenähnliches Scheitelband, beiger Ton verdeckt das Blaugrau, 24. 1. 2015

BERGFINK

Fringilla montifringilla

FÜR UNS, die wir regelmäßig Vögel füttern und die Gefiederten mit Begeisterung durch das Fenster beobachten, gibt es eine ungeschriebene Rangordnung unter den Besuchern. Einfach gesagt: je seltener, desto begehrter. Ich habe darüber noch nie mit Gleichgesinnten diskutiert oder gelesen, ob viele so denken. Es ist eher ein Bauchgefühl und eine gewisse Erfahrung, dass viele Ornithologen so »ticken«. Definitive »Rankinglisten« gibt es natürlich nicht. Die persönlichen Vorlieben hängen eher davon ab, wo in Schweden man lebt und welche Vögel an die Fütterung kommen. Sogenannte gewöhnliche, weil häufige Arten begeistern uns kaum. Doch jedes Mal, wenn wir zum Futterplatz blicken, hoffen wir, dass dort ein ungewöhnlicher Vogel auftaucht, vielleicht ein Birkenzeisig unter den Erlenzeisigen oder ein Stieglitz. Das ist nicht weiter verwunderlich, denn Abwechslung bringt Freude, und diese Form der Beobachtung ist stets spannend. Die Liste der Arten bei »Vinterfåglar inpå knuten« wurde in all den Jahren von Kohlmeise, Feldsperling, Blaumeise, Goldammer, Gimpel, Amsel, Grünfink und Elster angeführt. Sie passt gut zu diesen Überlegungen, allerdings in umgekehrter Reihenfolge.

So wird eine Rotdrossel mehr geschätzt als eine Amsel, und ein Kernbeißer ist spannender als ein Grünfink. Der Bergfink, auf der Liste oft zwischen dem 10. und 15. Rang, bekommt mehr Sympathiepunkte als ein Buchfink, möglicherweise weil er nicht in Südschweden brütet, sondern Wintergast ist, obwohl er an den Fütterungen seit vielen Jahren einen Platz vor dem Buchfink einnimmt. Beide Finken bilden außerdem ein Artenpaar, dessen Unterschiede und Übereinstimmungen in vielerlei Hinsicht bemerkenswert sind. Ich wohne in einem Zugkorridor, in dem ziehende Bergfinken, vor allem von Finnland und Westrussland, im Oktober und April vorbeikommen. Im Oktober tragen sie das ausgefärbte winterliche

Schlichtkleid, dann freue ich mich besonders, sie näher zu betrachten. Ihre fantastische Musterung und Farbskala – ähnlich einem Strauß Herbstblätter in Braun, Orange und Gelb – begeistert mich immer wieder.

Die herbstliche Farbskala liefert vermutlich auch die evolutionäre Erklärung für dieses spezielle Winterkleid. Es hat sich entwickelt, damit der Vogel auf dem mit Falllaub bedeckten Boden im Buchenwald »unsichtbar« wird. Das Auftreten der Bergfinken hängt im Winter vom Fruchtansatz der Buchen ab. Gibt es in Schonen genug Nahrung, bleiben die Vögel im Land, sonst ziehen sie nach Mitteleuropa, in manchen Jahren weiter nach Südeuropa. In Gebieten mit reichlich Nahrung sammeln sich die Finken in gewaltigen Schwärmen und übernachten gemeinsam. In der Schweiz schätzte man einmal einen solchen Schwarm auf sieben Millionen Vögel. Auf dem Herbstzug fliegen Bergfinken nicht selten zusammen mit Buchfinken, dann suchen sie gemeinsam auf abgeernteten Feldern die restlichen Mais- und Rapskörner oder am Rand Wildkräutersamen. Sie verzehren auch die Kerne etwa von Mehlbeeren und Ebereschen. Die in Schweden überwinternden Bergfinken trifft man vorwiegend in den südlichen Provinzen, da es dort größere Buchenwaldbestände gibt. Je nach Menge der Bucheckern schwankt die Anzahl der Überwinterer enorm – von Hunderttausenden bis einige wenige Tausend. Auch in Jahren mit weniger Bergfinken können die Vögel im Winter in allen schwedischen Provinzen auftreten.

Der Bergfink verfügt über einen speziellen Ruf, der dem Buchfink fehlt, er »quäkt«. Mit der Schwesterart teilt er sich ein finkentypisches »Djüpp«, doch das strenge, nasal quäkende »Äähp« ist stets artkennzeichnend.

Pomeranzen und Nektarinen

Das Bergfinkmännchen ist während der Brutzeit ein sehr kontrastreich gefärbter Vogel mit Rabenschwarz an Kopf und Rücken, Orangegelb an Brust und Schultern sowie einer Schwarz-Weiß-Zeichnung auf den Flügeln. Stellt man sich den Vogel aber in einem Fjällbirkenwald mit weißen Stämmen, dunklen Zweigen und schwarzen Flechten vor, kann er sowohl auffällig als auch gut getarnt sein. Bevor sie ihre angestammten Birkenwälder im Norden verlassen, mausern die Bergfinken. Das geschieht relativ schnell, während es noch reichlich Insekten gibt. Dabei bekommen die Männchen ein ganz anderes Aussehen, denn alle schwarzen Partien vorne und auf dem Rücken werden von langen, ockergetönten oder grauen Federsäumen verdeckt. Ältere Männchen können eine schwarze Maske um die Augen aufweisen, bei jüngeren Männchen sieht man kaum Schwarz auf dem Kopf. Ihr Kopfmuster ist stattdessen weibchenähnlich mit einem dunkleren Band auf Scheitel und Nacken sowie grauen Halsseiten. Die warmgetönten Partien auf Brust, Schultern und Federsäumen zeigen einige intensive Orange- oder Braunorangetöne. Auf den Flügeln sind die Außenfahnen der Schwungfedern rein gelb, nicht selten kann man einen ähnlichen Gelbton auch auf den weißen vorderen Flügeldecken erahnen.

Die hellen Säume sind bis weit in den Spätwinter hinein vorhanden. Unter bestimmten Bedingungen von Sonne und Abnutzung brechen sie ab. Wie viel Schwarz von Anfang an durchscheint oder wie das Verschwinden der Säume abläuft, kann individuell definiert sein oder davon abhängen, wie stark die Federn UV-Licht ausgesetzt sind. Der helle Saum bricht knapp außerhalb des schwarzen Federbereichs ab, dadurch bleibt etwas helle Zeichnung bestehen. Während des Frühjahrszugs im April ist ein kleiner Teil der Männchen bereits ganz schwarz, doch die meisten sind weiterhin an Kopf und Rücken hellscheckig und haben gelbe Schnäbel. Anfang Mai verschwinden jedoch die letzten hellen Bereiche, und der Schnabel wird schwarz. Sieht man Mitte Mai einen voll ausgefärbten Bergfink, ist man überrascht – er ähnelt einem Trauerschnäpper mit orangefarbener Brust. Der Schnabel ist im Sommer schwarz, im Winter gelb wie Maiskörner mit diffuser dunklerer Spitze. Wenn Bergfinken zusammen mit anderen Finken und Sperlingen auftreten, fallen oft die hellen Schnäbel ins Auge.

Das Bergfinkweibchen zeigt wie das Buchfinkweibchen ein eher unauffälliges Gefieder. Die klareren Rostorangetöne sind durch mattere Farben ersetzt – wie getrocknete Pomeranzen- und Nektarinenschalen. Eine spezielle Musterung um die Augen verleiht Weibchen und jungen Männchen einen ansprechenden Gesichtsausdruck, den man gern anschaut. Das schwarze Auge liegt in einem hell cremefarbenen Feld. Es wird von einem helleren Lidring eingefasst, der von einem schwarzen Fleck, einem Schönheitsfleck, unterbrochen wird. Doch was soll dieser Fleck? Die einzige Funktion, die mir plausibel erscheint, ist die Verschleierung der Augenform. Dadurch wird der Tarneffekt des tief in der Nestmulde brütenden Weibchens verstärkt, dessen Kopf über den Nestrand schaut. Vor dem Auge befindet sich bei vielen Vögeln ein dunkles Feld, das die Lichtreflexion ins Auge vermindern soll.

Ein Vogel des Fjällbirkenwaldes

Manchmal frage ich mich, wie die Farbverteilungen bei den Vogelarten zustande gekommen sind. Wenn der Buchfink mit seinem kalten Rosa, Weinrot, Braun, Graublau und Grün auf dem Bürzel an die Farbskala der Wälder in den gemäßigten Breiten angepasst ist, wurde dann der Bergfink vom Fjällbirkenwald »gemalt«? Er trägt Schwarz und Weiß, außerdem das Gelb und Braungelb der vorjährigen Birkenblätter. Während der letzten 2,6 Millionen Jahre im Quartär wurden beide Arten durch die Gletscher voneinander isoliert. Als das Inlandeis der letzten Eiszeit schmolz, trafen die Bergfinken von Osten und die Buchfinken von Süden her wieder aufeinander. An den Arealgrenzen in Norrland ersetzt die eine Art allmählich die andere. Buchfinken brüten noch weit im Norden bis ins Zentrum Norrlands, doch die Bestände werden in Richtung Fjällbirkenwald immer geringer. Dort »übernimmt« der Bergfink das Revier.

Bergfinken sind nicht ortstreu, sondern mehr oder weniger Nomaden. Wie ihre Überwinterung vom Fruchtansatz der Buchen abhängt, so wird der Bruterfolg vom Vorkommen der Raupen des Birken-Moorwald-Herbstspanners (*Epirrita autumnata*, schwedisch Fjällbjörkmätare) gesteuert. Deshalb schwanken die Bestände in einem bestimmten Gebiet von Jahr zu Jahr sehr stark. Man rechnet mit durchschnittlich zwei Millionen Brutpaaren in Schweden.

Vielleicht machen diese Zusammenhänge den Bergfink für mich am Futterplatz attraktiver als den Buchfink – ihr unregelmäßiges Auftreten, das Nomadisieren, das unerwartete »Design«, die plötzliche Verwandlung der Winterhaube nach dem Abnutzen in einen prächtigen schwarzen Kopf. Oder tauchen jedes Mal nur Jugendträume von Entdeckungsreisen in Lappland aus der Versenkung auf, wenn ich einen Bergfink sehe? Diese Träume entstanden beim Lesen des Buches »Stiglöst land« *(Wegloses Land)* des Naturfotografen Svante Lundgren von 1949. Dort gibt es ein Schwarz-Weiß-Foto eines Bergfinkenpaares am Nest in der Astgabel einer Fjällbirke. Der Weg dorthin führte über den Fluss Lainioälv in ein »wegloses, von Mooren und Morasten erfülltes Land«.

junges Weibchen im Winter

adultes Männchen im Frühjahr

adultes Männchen im Winter

junges Männchen im Winter

GRÜNFINK

Chloris chloris

GRÜNFINKEN gehören zu unseren häufigsten Vögeln, sie brüten mit Vorliebe in der Nähe von Siedlungen. Es gibt wahrscheinlich in Süd- oder Mittelschweden keine Thuja- oder Fichtenhecke, in der nicht schon einmal ein Grünfinkenpaar genistet hat. Trotzdem erlebe ich den Grünfink eher als scheu und unauffällig. Über Grünfinken spricht anscheinend niemand. Warum das so ist, weiß ich nicht, aber vielleicht empfinden wir sie mit ihrem moosgrünen Gefieder als etwas Alltägliches. Auch am winterlichen Futterplatz zeichnet sie nichts aus. Sie sind so unauffällig, dass sie zwischen den vorwitzigen Blaumeisen und den aufdringlichen Feldsperlingen fast untergehen. In erster Linie fällt der gelbe Flügelrand ins Auge. Selbst der volltönende Gesang, den die Männchen im Frühjahr unermüdlich von Baumspitzen vortragen, scheint kaum wahrgenommen zu werden.

Grünfinken überwintern im ganzen Land und können auch im Norden an den Fütterungen erscheinen, sogar weit oben an der Eismeerküste. Dort hängt ihr Überleben wohl von den Vogelfütterungen ab. Nach 2008 grassierte unter den Finken eine Infektion mit dem Parasiten *Trichomonas gallinae*, wodurch ihre Bestände in den letzten zehn Jahren stark dezimiert wurden. Eine wichtige Maßnahme gegen die Ausbreitung dieser Krankheit ist die regelmäßige Reinigung von Fütterungen und Futterautomaten.

Linnés Distelfink

Der Grünfink gehörte früher zur Gattung *Carduelis*. Der Name leitet sich von lateinisch »carduus« (»Distel«) ab. Carl von Linné nannte den Stieglitz »Distelfink« *(Fringilla carduelis)*. Dieser Artname wurde später zum Gattungsnamen vieler kleiner, samenfressender Finkenarten. Heute hat der

Grünfink einen eigenen Gattungsnamen, *Chloris*, abgeleitet vom griechischen »chloros«, was auf sein helles Gelbgrün abzielt und an zartes Frühlingsgrün erinnert. »Chloris« heißt auch die griechische Nymphe, die den Frühling verkörpert. Wenn im Februar in Griechenland und in anderen Mittelmeerländern der Frühling beginnt, sind die dortigen Grünfinken im Vergleich zu ihren Artgenossen im Norden, die unsere Fütterungen bevölkern, leuchtender gelbgrün. Wenn ich dagegen im November meine ziemlich mausgrauen Finken anschaue, haben sie so gar nichts von einer wonnigen Nymphe. Müsste man die Weibchen benennen, könnten sie genauso gut Braun- oder Graufinken heißen.

In grüner Montur

Man könnte die Grünfinken auch respektlos als die „groben Gesellen" unter den Wintervögeln beschreiben. Sie sehen mit ihrem muskulösen, wohlgeformten Körper, den kräftigen Wangen, dem unwirschen Blick aus kleinen Augen sowie den kräftigen, hellroten Füßen etwas grobschlächtig aus. Der große, fast kantige Schnabel eignet sich gut zum Bearbeiten von größeren, härteren Samen. Wenn die Finken auf ihre typische Art Sonnenblumenkerne aufbeißen, lesen oft andere Vögel hinter ihnen die Krümel auf.

Die grünen Farbnuancen der Männchen sind wie Waldmoose schwer in Farbe umzusetzen, denn sie variieren ständig je nach Licht und Jahreszeiten. Die einzelnen Vögel unterscheiden sich deutlich. Erst wenn bei uns die jungen Eichenblätter austreiben, haben die Grünfinken ihre winterliche Kluft abgewetzt und erstrahlen in ihrem Prachtkleid. Die neuen Körperfedern, die bis zum Herbst nachwachsen, besitzen einen grauen oder graubraunen Saum, der die klareren Grüntöne verdeckt oder abschwächt. Die Grünfinken, die sich im Herbst auf Brachflächen aufhalten, ähneln in keinster Weise den prächtigen grüngelben Männchen, die wir zur Zeit des Laubaustriebs sehen. Daran hat sicher auch das klarere Aprillicht Anteil.

Das Männchen zeigt am Bauch ein reines Gelb, das der Winterschnee und das ab Februar intensiver werdende Sonnenlicht zur Geltung bringen kann. Dieses Gelb verschwindet jedoch, wenn der Vogel am Boden steht. Unternimmt das Männchen aber seinen Singflug, sticht der gelbe Bauch in der niedrig stehenden Morgensonne hervor. Dann leuchtet sogar das kräftige Gelb von Flügelfeld und Schwanzbasis. Das Männchen wirkt wie ein

Nebenfittich (Alula) bei altem und jungem Männchen

adultes Männchen

Zitronenfalter, der in der Märzsonne mit langsamen Flügelschlägen seine Kreise zieht. Beim stehenden Vogel bilden die gelben Außenfahnen der Handschwingen ein gelbes Feld. Oft setzt sich das Gelb auf der Flügelvorderkante fort. Hier zeigt sich ein Unterschied zwischen jungen und adulten Vögeln: Die längste der Daumenfittichfedern, Alula, ist bei adulten Männchen an der Außenfahne fast gänzlich gelb mit aschgrauer Spitze, während sie bei jungen Männchen dunklere und olivgrüne Töne aufweist.

Die äußeren Steuerfedern besitzen leuchtend gelbe Außenfahnen, die oft bei am Boden stehenden Vögeln verdeckt sind, die aber für Truppmitglieder deutliche Signalwirkung haben, wenn die Vögel bei einer Gefahr auffliegen. Der Schnabel ist meist hell honigfarben. Ich meine aber, dass sich die Farbe im Lauf des Jahres verändert: Im Herbst ist der Schnabel mehr graurosa, First und Spitze sind dunkler, im Frühjahr erscheint er heller beigerosa, fast wie gebleicht. Vielleicht kommt dies von der unterschiedlichen Ernährung, oder es findet eine hormongesteuerte Farbänderung statt wie bei Kernbeißern und Buchfinken. Beim Grünfink geht die Veränderung allerdings in die umgekehrte Richtung – von dunkler nach heller.

junges Männchen

adultes Weibchen, grau

*adultes Weibchen, braun
mit neapelgelber Kehle*

Goldgrün gegen Grau

Ich habe viele Stunden an meinem Futterplatz verbracht, um Grünfinken zu studieren. Auf den ersten Blick können Männchen und Weibchen recht ähnlich aussehen, aber mit der Zeit entdeckt man immer mehr Abweichungen. Die Unterschiede zwischen Männchen und Weibchen sind ziemlich deutlich, aber auch innerhalb der Geschlechter variieren die Vögel. Zuerst dachte ich, dass dies vom Alter abhängt. Also versuchte ich, sie in Vögel im ersten Winter und in Altvögel einzuteilen. Dies erwies sich als sehr schwierig. Die einzig sichere Methode, das Alter von Grünfinken zu bestimmen, ist zu prüfen, ob sie noch ein paar juvenile Federn im Gefieder tragen, vor allem an Flügeln und Schwanz. Alle Grünfinken mausern ihr Körpergefieder nach der Brutsaison. Die Altvögel tauschen die gesamten Flügel- und Steuerfedern, während die Jungvögel in unseren Breiten normalerweise die meisten dieser Federn behalten. Die Finken brüten oft zwei- bis dreimal pro Jahr. Jungvögel vom Mai sind natürlich weiter entwickelt als solche, die im August flügge werden. Daher sind die juvenilen Federn sehr unterschiedlich verschlissen – auch dann, wenn bereits einzelne Federn von Schwanz und Flügeln erneuert sind. Früh im Jahr geborene Jungvögel haben manchmal stark abgenutzte spitze und bräunliche Steuerfedern, die sich gut von den runderen, grauschwarzen Federn der Altvögel unterscheiden lassen. Mehr als die Hälfte meiner gotländischen Grünfinken hat jedoch einzelne Steuerfedern sowie zwei oder meist alle drei Schirmfedern gemausert. Daher ist die Altersbestimmung bei Grünfinken im Winterhalbjahr oft knifflig. Mit etwas Glück sieht man, dass einige juvenile, mehr gelbbraune Große Armdecken noch vorhanden sind und mit den neuen, längeren und graueren kontrastieren.

Steuerfederformen von adulten und jungen Grünfinken

Im Allgemeinen sind ältere Männchen kräftiger gefärbt, das heißt insgesamt intensiver grün und gelb, vor allem an Gesicht und Brust. Das Gleiche gilt auch für die Weibchen. Ältere Vögel haben ein großes, deutlich gelbgrünes Bauchfeld und olivgrüne Töne im Gesicht, während junge Weibchen in ihrem ersten »richtigen« Kleid kein oder nur sehr wenig Grün zeigen und meist in Braun oder Grau auftreten.

In der Literatur wird die Rückenfärbung des Männchens oft als braungrün beschrieben, was auf viele jüngere Männchen und einige ältere im winterlichen Schlichtkleid zutrifft. Viele adulte Männchen weisen jedoch zwei Grundfarben auf – ein kräftiges Gelbgrün und ein neutrales Aschgrau, das vor allem auf Ohrdecken und Flanken zu sehen ist. Die hauptsächlich grünen Federn haben auch im frischen Kleid ganz außen einen grauen Saum. Wenn sich die grünen und grauen Tönungen vermischen, entsteht ein matt olivgrauer Ton, der den Vogel in der Vegetation so gut tarnt, dass er oft wie verschluckt erscheint. Der Farbton der Rückenfedern kann ins Graue oder ins Braune tendieren. Einmal dachte ich sogar, es gäbe eine graugrüne und eine braungrüne Variante. Vermutlich gibt es aber auch alle Abstufungen dazwischen. Bei Männchen mit neutralen Grautönen, das heißt, die nicht in Richtung Braun tendieren, treffen wunderbare Grün- und neutrale Grautöne aufeinander. Adulte Männchen zeigen an Stirn und Kehle oft einen relativ kräftigen goldgrünen Ton. Wenn die grauen Säume zum Frühjahr hin verschwinden, kommt das Grün zum Vorschein, wird mehr golden und kann dem Vogel ein recht exotisches Aussehen verleihen.

Weibchen tragen Grau

Die Weibchen, echte Nymphen, erinnern weniger an die Frühlingsgöttin Chloris, sondern eher an die Göttin der Winterstauden. Sie sind grau, graubraun und graugrün. Ihre Farbpalette entspricht den Farben der Ackerlandschaft mit herbstlichen Kräutern. Zwischen den erdigen Tönen der älteren Weibchen verbirgt sich zwar immer wieder etwas Grün, doch man muss schon genau hinschauen, um das im Spätherbst erkennen zu können. Allerdings bildet der äußerste Saum der Handschwingen sogar bei den besonders diskret gefärbten Weibchen einen gelben Streifen als Zeichen für Frühling und Sonne. Ältere Weibchen sind normalerweise fast ungestrichelt, sie variieren von kühlerem Grüngrau bis zu überwiegendem Braun, nicht selten mit einem Hauch von Neapelgelb über Kehle und Bauch.

Den jungen Weibchen fehlt oft das Gelb oder Grün, vor allem an Bürzel und Handschwingen. Sie tragen Graubeige und Braun und wecken nicht die geringste Assoziation zu Grün. Andere junge Weibchen zeigen am Bauch einen grüngelben Ton. Im ersten Winter sind sie an Rücken und Brust oft deutlich gestrichelt. Die Spitzen der Schirmfedern und die Großen Armdecken sind bis zur Mauser hellgrau, den Kopf zieren ein warmgrauer Überaugenbereich, ein deutlicheres Band entlang der Wangen und oft ein hellerer Zügel. Sie sehen »betagter« aus als die zweijährigen

adultes
Weibchen
adultes
Weibchen
junges
Männchen
Bauch
Männchen,
1. Winter
Männ-
chen,
Gesicht
Männchen,
Gesicht

Weibchen. Sind die Steuerfedern spitz und abgenutzt, ist dies immer der sicherste Hinweis, dass man einen Vogel im ersten Winter vor sich hat.

Die Zeichnung der Schirmfedern kann von Grünfink zu Grünfink leicht variieren, die Schirmfedern unterscheiden sich auch zwischen juvenilen und adulten Vögeln. Bei Jungvögeln sind sie oft im Zentrum diffus dunkler, die längste Feder ist sogar zur Außenfahne hin dunkel. Typischerweise kontrastiert die hellgraue oder graubeige Spitze der Außenfahne mit der Basis. Bei den Altvögeln ist die dunklere Mitte deutlicher abgesetzt, mehr quadratisch und von der Innenfahne begrenzt. Die Feder erscheint an der Spitze wie abgeschnitten, die ganze Außenfahne weist den gleichen Farbton auf. Die Schirmfedern von adulten Männchen sind fast einfarbig neutral grau, auf der Innenfahne befindet sich ein schwärzlicher Fleck oder ein schwärzliches Rautenabzeichen. Bei den Weibchen sind sie dagegen im Zentrum dunkler, der Grundton variiert zwischen Grau und reinem Braun. Diesjährige Vögel können eine, zwei oder alle drei Schirmfedern mausern, danach sehen sie aus wie die Altvögel. Oft werden die innerste oder die beiden innersten Schirmfedern, manchmal aber auch nur die mittlere gewechselt.

Vögel im Herbst

Am Ende des Brutgeschäfts sammeln sich die Grünfinken in kleinen Trupps und suchen an kräuterreichen Feldrändern, in Gärten, am Strand und auf Heideflächen Nahrung. Bei mir auf Gotland bevorzugen sie Natternkopf und Wegwarte, aber auch Kreuzkraut, Beifuß und Strandmelde verachten sie nicht. Wenn die Fruchtstände der Kräuter abgeerntet sind, fressen die Grünfinken gern Hagebutten, Mehlbeeren oder Vogelbeeren. Sie haben es auf die Kerne abgesehen. Dazu entkernen sie die Hagebutten, ohne sie vom Zweig zu pflücken. Halb ausgefressene Hagebutten an den Zweigen zeugen davon. Manchmal kleben noch die Reste der Beerenmahlzeit an den Schnabelborsten und am Stirnansatz. Das erklärt auch den kleinen »Schnurrbart« der Grünfinken. Er verhindert, dass das klebrige Fruchtfleisch in den Gesichtsfedern hängen bleibt.

Auch wenn die Art bei uns überwiegend Jahresvogel ist, verlassen viele der nordskandinavischen Grünfinken im Oktober und November ihre Brutgebiete und ziehen nach Süden.

junges Weibchen, 1. Winter,
gestreift, helle Zügelborsten
Schirmfedern
(innere Arm-
schwingen)
ad
juv
adultes
Männchen
1. Winter
mit juvenilen
Schirmfedern
die 2. Generation,
1. Winter
Weibchen 1. Winter,
A1 und A2 gemausert
adultes Weibchen,
braune Schirmfedern,
dunkle Zentren auf
Innenfahne begrenzt

olivgrün
Winsor green (hell)
erdgrün (gelbe Nuance)
zinkweiß,
+ rotlila
Grundfarbe olivgrün
+ Winsor green
+ klar gelb/kadmiumorange
Umbra gebrannt
Caput mortuum
(Morellensalz)

Tod und Wiedergeburt

Wenn wir Vögel füttern, müssen wir abwägen, ob der nahe Standort des Futterhauses beim Wohnhaus die Vögel nicht gefährdet. Grünfinken »explodieren« geradezu am Boden, wenn ein Sperber oder eine Katze angreift, und sie beschleunigen bei der Flucht oft so stark, dass sie gegen ein Fenster fliegen und sterben können. Eine Himmelsreflexion in einer Fensterscheibe oder die Sicht auf ein gegenüberliegendes Fenster im Zimmer sehen sie als Fluchtweg an. Manche Arten sind vom Anflug an Fenster mehr als andere betroffen, der Grünfink gehört dazu. Wenn Sie also ein Futterhäuschen aufstellen, das Grünfinken anzieht, sollte es nicht direkt vor einem Fenster stehen. Ich füttere gewöhnlich bis in den Mai hinein, um im April durchziehende Bergfinken und Erlenzeisige anzulocken. In einem Jahr kam auch ein Girlitz *(Serinus serinus)* in der ersten Maiwoche – es kann sich also in vielerlei Hinsicht lohnen. Aber auch die Grünfinken sind der Mühe wert, denn die Männchen werden ab März territorial und erfreuen uns dann, wenn sie die gelben Flügelbuge spreizen, den Schwanz hochrecken und mit großer Intensität singen. Die langen Gesangsstrophen bestehen aus Trillern, die sich ständig in Tonlage und Geschwindigkeit ändern und die oft abwechseln mit langen, gedehnten »tziiiüoh«-Elementen, die mitunter etwas heiser klingen. Lockruf ist ein hartes oder rollendes »Djüpp-üpp-üpp-üpp«. Das Konzert der Grünfinken kann manchmal recht laut sein, wenn ich zur Zeit der Buschwindröschenblüte Futter nachfülle. Oft sieht man dann Männchen, die Weibchen füttern. Dann liegt die Assoziation der jährlichen Wiedergeburt auf der Hand.

Weibchen
2014
Männchen

STIEGLITZ

Carduelis carduelis

DER NAME STIEGLITZ ist sehr treffend, denn er gibt den Ruf »stigelitt« wieder. Trotz des unverwechselbaren Aussehens wird man besonders im Sommer vor allem durch diesen Ruf auf die Vögel aufmerksam, denn dann sind Bäume und Büsche belaubt. Im Sommer ist der Gesang der Stieglitze rund um die Kirche und den Pfarrhof im südgotländischen Vamligsbo, wo meine Ausstellungsräume liegen, allgegenwärtig. Dort scheinen sie ideale Bedingungen vorzufinden. Der Friedhof wird von einer Reihe Linden eingerahmt, eine Ahornallee führt zum Pfarrhof hinunter, und im Park stehen efeuberankte Eschen und Feldulmen. Rings herum liegen Felder und Weiden mit Schafen und Ardenner Kaltblutpferden. Zu unserem Nachbargehöft gehören auch eine Kiesgrube und große Brachflächen, wo inmitten der schönsten Wildkräuterbestände Schneepflüge für den Winter stehen. Im Spätsommer, wenn Stieglitze, Grünfinken und Hänflinge Nachwuchs haben, zwitschert es intensiv aus den alten Ulmen, doch die munteren Lockrufe der Stieglitze hört man stets aus dem vielfältigen Chor heraus.

Die geografische Verteilung der Brutgebiete des Stieglitzes entspricht in etwa den seit langer Zeit von Menschen bewohnten und kultivierten Landschaften. Größere Waldgegenden meiden diese Finkenvögel. Sie kommen häufig in einem Gürtel von der Provinz Uppland und über die Mälarlandschaft bei Stockholm bis zur Provinz Västergötland vor, dann weiter nach Schonen und Halland, auf den Inseln Gotland und Öland und den angrenzenden Küstenstreifen von Ostsmåland. Stieglitze haben eine Vorliebe für Feldraine, Weideland und Ruderalflächen mit Distel- und Klettenbeständen. Dort sieht man sie im Spätsommer, Herbst und Winter am ehesten. Während der Brutzeit suchen sie gern größere Gärten, Parks und Gehölze in der Kulturlandschaft auf. Die Zahl der Brutpaare in Schweden wird auf 16 000 geschätzt. Nördlich des Dalälv gibt es deutlich weniger Stieglitze, sie kommen aber zeitweise und lokal begrenzt entlang der norrländischen Küste bis hinauf zum Bottnischen Meerbusen vor. Viele Vögel verlassen im Oktober das Land, es ist aber nicht bekannt, wie groß der Anteil der Überwinterer ist. Die Zahl variiert zudem von Jahr zu Jahr in Abhängigkeit vom Nahrungsangebot. In schneereichen Wintern ist die Futtersuche beschwerlicher, da nur wenige samentragende Stauden zugänglich sind. Am häufigsten sieht man die farbenfrohen Finken im Herbst, wenn sie zwischen den Distelbeständen in der Kulturlandschaft hin und her fliegen.

Spezialisiert auf Disteln

Klette

Mit seinem langen und sehr spitzen Schnabel ist der Stieglitz an die Samen von Korbblütlern wie Kratzdistel, Klette, Gemeines Greiskraut und Skabiosen-Flockenblume angepasst. Das rote »Gesicht« mit kurzen, steifen Federn kann als Schutz vor Abnutzung dienen, wenn die Vögel bei der Nahrungssuche ihre Schnäbel tief in den Blütenstand stecken. Mit seinen kurzen Beinen mit kräftigen Füßen klettert der Stieglitz geschickt an den Winterstauden herum. Oft klammert er sich an eine Blüte, um sie zu bearbeiten. Die Trupps wirken rastlos und fliegen von einer Staudenfläche zur nächsten, aber mitunter »arbeitet« auch eine kleine Schar längere Zeit geräuschlos in einem Klettenbestand. Stieglitze wissen offenbar genau, wo die geeigneten Nahrungspflanzen wachsen, und kommen regelmäßig dorthin zurück. Allerdings halten sie sich dort nicht so lange auf wie Grünfinken. Zu meinem Hof im südwestlichen Gotland kommen die Stieglitze stets im Herbst, wenn es Klettenbestände gibt. Sie picken auch am Boden regelmäßig Baumsamen von Birken, Erlen und Kiefern auf. In der Brutsaison von Mai bis August zeitigen sie bis zu drei Bruten, an die Nestlinge verfüttern sie neben Samen anfangs auch Insekten. Die bunten Finken brüten in kleinen, lockeren Kolonien, im Spätsommer sieht man nicht selten kleine Familientrupps bei der gemeinsamen Nahrungssuche.

Erst seit einigen Jahren kommen Stieglitze auch vermehrt an die Fütterungen. Was zu dieser Verhaltensänderung geführt hat, ist nicht eindeutig geklärt. Eine Ursache könnte die Zunahme der Brutbestände und folglich auch der Wintergäste sein. Da auf eine lange Periode mit milden, schneearmen Wintern im ersten Jahrzehnt dieses Jahrhunderts nun einige schneereiche Winter folgten, sind sie aus Nahrungsmangel dazu gezwungen.

Ansprechende Farbenpracht

Der Stieglitz ist durch seine intensive und kontrastreiche Färbung unverkennbar. Im Spätsommer und Herbst sieht man in den Trupps jedoch oft Vögel mit schlichtem Kopfmuster, was verwundern mag. Es handelt sich um Jungvögel, denen die typische Kopfzeichnung der Altvögel fehlt, stattdessen sind sie am Kopf hellbeige und dunkel gesprenkelt. Allerdings tragen sie die arttypische Flügel- und Schwanzzeichnung. Die Männchen sind meist etwas größer als die Weibchen und haben einen längeren Schnabel, ihre rote Maske reicht weiter hinter das Auge. Das Rot der Stirn variiert etwas im Ton, manchmal sieht man Vögel mit einer eher orangeroten Gesichtsfärbung, vielleicht jüngere Vögel. Im Flug wirkt die rote Gesichtsmaske oft nur dunkel. Die ansprechende Ockerzeichnung auf der Brust konzentriert sich auf zwei große Flecken auf den Brustseiten, die bis auf die Flanken reichen. Der starke Kontrast zwischen den schwarzen Flügeln und den leuchtend gelben Flügelabzeichen fällt als Erstes ins Auge. Manchmal spreizen Stieglitze beim Balancieren die Steuerfedern, dann sieht man das hübsche, weiß getäfelte Feld auf den äußeren Steuerfedern. Die Spitzen der schwarzen Schirm- und Steuerfedern zieren schön geformte, beigeweiße Flecken. Im frischen Gefieder befindet sich ein kleiner, ockerfarbener Saum an den Oberschwanzdecken.

adultes Männchen
Weibchen
junges Männchen

ERLENZEISIG
Spinus spinus

UNS ORNITHOLOGEN verrät sich der Erlenzeisig vor allem durch seine schnellen, trockenen Flugrufe, die mit wehmütigen »Tsi«- oder gedehnten »Tsiilüü«-Rufen abwechseln. Die Rufe kann man sich wegen ihrer spitzen, fast schneidenden Tonqualität leicht merken. Im Wald ist der Erlenzeisig kaum zu entdecken, da er sich hoch oben in den Fichtenwipfeln bewegt oder darüber hinwegfliegt. Im schnellen, bogenförmigen Flug verrät ihn seine Silhouette als kleinen Fink mit im Vergleich zum Birkenzeisig kürzerem Schwanz. Auf der Suche nach Erlen sammeln sich die Zeisige im Herbst und Winter in dichten Trupps. Besuchen sie eine Fütterung oder trifft man auf einen Trupp, der am Boden nach Samen sucht, sind die Vögel oft erstaunlich wenig scheu und lassen sich gut aus der Nähe betrachten. Die überwiegend grün, gelb und schwarz gefärbten Männchen sind kontrastreich gezeichnet, Stirn und Scheitel sind schwarz, der übrige Kopf und die Brust ansprechend gelb. Das kennzeichnende Flügelmuster unterscheidet sie sofort von Grünfinken. Die schlichter gefärbten Weibchen sind grauer und stärker gestreift, die bei den Männchen gelben Partien am Vorderkörper zeigen ein helleres Grüngelb, fast wie reife Zitronen.

Die Feinmechaniker unter den Finken

Während der Grünfink eher den »grobschlächtigen« Finkentyp darstellt, ist der Erlenzeisig eine Art Feinmechaniker, denn er kann mit seinem Schnabel wie mit einem Präzisionswerkzeug Samen aus den Zapfen von Fichten und Erlen herausklauben. Fichtenzapfen sind in manchen Jahren reichlich vorhanden, können in anderen Jahren aber so gut wie ganz fehlen. Deshalb können Erlenzeisige in einem Jahr in einem Landesteil häufig sein, im folgenden Jahr dort aber kaum vorkommen. Neben den Samen von Fichten fressen Erlenzeisige auch die Samen von Schwarzerlen, ja sogar von Kiefern, außerdem die Samen von verschiedenen Kräutern. Die meisten Brutvögel ziehen im Herbst nach Mittel- und Westeuropa, die Anzahl der in Schweden überwinternden Artgenossen wird vor allem durch das Angebot an samentragenden Erlen beeinflusst.

Wer wie ich auch noch im April Vögel füttert, kann die Erlenzeisige auf ihrem Frühjahrszug erleben. So kann an einem Apriltag gleich ein größerer Trupp die Fütterung besuchen, während sich auf dem Herbstzug kein einziger Erlenzeisig sehen ließ. Das mag daran liegen, dass ich nicht so regelmäßig füttere, aber vermutlich gibt es dann noch genug Nahrung in der Natur. Grünfinken halten sich zur Nahrungssuche eher zwischen den Kräutern am Boden auf, dagegen turnen die Erlenzeisige dabei oft hoch oben in den Baumwipfeln, wo sie nicht so leicht zu beobachten sind. Am ehesten sieht man sie im Herbst in den Schwarzerlen. Erlenzeisige sind viel kleiner als Grünfinken, sie klettern mit ihren kurzen, aber kräftigen Beinen und Füßen akrobatisch im Gezweig oder hängen kopfüber. In Schweden brüten etwa 800 000 Paare, die sich – mit Ausnahme der Fjällregion oberhalb der Nadelbaumgrenze – über das ganze Land verteilen. Sehr wichtig sind ältere bis mittelalte Nadelwälder, daher kommen sie im landwirtschaftlich geprägten Tiefland nicht so häufig vor. Die Bestände profitierten jedoch von den großflächigen Fichtenanpflanzungen des letzten Jahrhunderts.

Singende Erlenzeisige

Die munteren Zeisige sind angenehme Gäste am Futterplatz. Gern fressen sie Erdnüsse und richtige Nüsse, aber auch feine Sämereien und Krümelreste von Sonnenblumenkernen. Wie die Grünfinken singen sie häufig in den Bäumen rund ums Futterhaus. Ihr Gesang ist lebhaft und hell zwitschernd und enthält auch harte, trockene Laute sowie gute Imitationen anderer Vögel. Von Zeit zu Zeit hört man ein lang gezogenes, überraschend gequetscht klingendes »Driääääääh«, das sich anhört, als ob der Vogel mit den scharfen Krallen auf einer Glasfläche gelandet ist. Singen mehrere Männchen gleichzeitig, entsteht ein eigenartig klingender Chor. Seinen Reviergesang kann das Männchen – wie der Grünfink – auch im Singflug vortragen, wobei der gelbe Flügelstreif in der Morgensonne leuchtet.

adultes Männchen

Kiefernsamen

Unterschiede zwischen Jung- und Altvögeln

Die Jungvögel mausern im Sommer und Herbst und ähneln dann den Altvögeln. Die Mauserperiode hängt vom Zeitpunkt der Brut ab und wie früh oder spät die Jungen flügge geworden sind. Daher sieht man mitunter noch im Oktober mausernde Vögel. Normalerweise werden alle Körperfedern und die meisten der Kleinen und Mittleren Armdecken getauscht, in unterschiedlichem Ausmaß auch die Großen Armdecken, Schirmfedern und einzelne Steuerfedern. Möchte man wissen, ob man einen Vogel im ersten Winter oder einen älteren vor sich hat, muss man diese Federn betrachten.

Oft sieht man bei den Männchen eine Farbgrenze zwischen den neuen schwärzeren Deckfedern, die eine breite grüne oder grüngelbe Spitze haben, und den inneren juvenilen Federn, die heller und brauner aussehen und eine schmalere, oft weißlich gelbe Außenkante besitzen. Ein Teil der Vögel hat nur eine dieser Federn getauscht, doch die meisten haben sechs oder acht davon erneuert, und dann kann es schwieriger sein, die äußeren juvenilen Federn zu sehen. Die Unterschiede sind an den Schirmfedern

junges Männchen

junges Weibchen in der Hand, flog gegen ein Fenster, überlebte, konnte wieder wegfliegen

leichter erkennbar, wo ein, zwei oder alle drei Federn getauscht werden. Das gilt besonders für Jungvögel, die schon fast alle Großen Armdecken gemausert haben. Die neuen Federn haben dann auf der äußeren Hälfte einen deutlich breiteren hellen Außensaum. Neue oder alte Schirmfedern erscheinen oft zweifarbig – mit einem inneren grünen oder grüngrauen und einem äußeren weißlichen Teil. Die juvenilen Schirmfedern sind eher einfarbig hell gelbbeige sowie schmaler und oft stärker verschlissen. Der gelbe Fleck auf der Basis der Handschwingen ist bei älteren Männchen generell länger, ausgedehnter und im Farbton viel leuchtender rein gelb. Bei vielen jungen Männchen ist im Herbst das Schwarz des Scheitels teilweise unter hellgrauen Federsäumen verborgen und kann außerdem von restlichen juvenilen Federn durchsetzt sein. Männchen haben einen kleinen schwarzen Fleck unter dem Schnabel, der im Winter noch unter den grauweißen Federsäumen versteckt sein kann, im Frühjahr aber deutlich hervortritt. Im Herbst weisen die Farben der Männchen oft einen Grauschleier auf, der von den hellgrauen Federspitzen oder -säumen stammt.

Auch bei den Weibchen gibt es Farbunterschiede zwischen neuen und alten Federn. Ich meine aber, dass die Mausergrenzen bei ihnen oft schwerer zu erkennen sind. Junge Weibchen wechseln anscheinend oft nur wenige Große Armdecken. Die neuen Federn sind schwärzer und haben eine breitere gelbe oder weißlich gelbe Spitze. Diese Unterschiede bestehen zwar bis ins Frühjahr hinein, doch dann können die juvenilen Schirmfedern ausgebleichter und braun aussehen. Man kann sich denken, dass die nomadisierende Lebensweise der Zeisige Spuren im Gefieder hinterlässt. Allgemein zeigen ältere Weibchen mehr Gelb auf der Brust und eine schmalere Streifung. Der helle Bereich über dem Auge und um die Ohrdecken herum ist oft reiner gelb und weniger gestrichelt. Auch bei den Weibchen lassen sich Jung- und Altvögel durch den Kontrast zwischen neuen und älteren Schirmfedern und den Großen Armdecken am sichersten unterscheiden.

Allerdings muss man bei diesen charmanten kleinen Finken ja nicht immer gleich das Alter analysieren. Man kann auch nur ihre niedliche Erscheinung mit spitzem Schnabel und schwarzer Kappe genießen und sich am harmonischen und ansprechenden Farbenspiel der Männchen erfreuen. Vielleicht sind sie gerade unterwegs zu den im Wind schwankenden Wipfeln der nordischen Nadelwälder. Gibt es dort keine Zapfen, setzen sie ihre Reise fort Richtung Russland, und dann lassen sie sich eventuell nicht mehr in Ihrem Landesteil blicken.

junges Weibchen

Weibchen im Winter

Männchen im Winter

BLUTHÄNFLING

Linaria cannabina

DER BLUTHÄNFLING ist etwas größer als der Birkenzeisig, aber kleiner als ein Grünfink. Von August bis September legt er sein Schlichtkleid an und wird dann ziemlich unscheinbar – graubeige und braun gestreift. Dann sind vielleicht die leuchtend weißen Außenfahnen der Handschwingen und Steuerfedern die auffälligsten Merkmale. Die karminrote Färbung auf Stirn und Brust, die das Männchen während der Brutsaison kennzeichnet, kommt erst ab Frühjahr nach und nach durch Abnutzen der hellen Federsäume zum Vorschein. Die Weibchen sind farblos graubeige mit deutlichem dunklem Streifenmuster, während die Männchen einen wärmeren ockerfarbenen Grundton und Rostbraun auf den Flügeln zeigen. Auf den ersten Blick sehen aber alle Vögel in den Herbsttrupps ziemlich gleich aus.

Bluthänflinge ziehen ab Ende September und im Oktober nach Süden. In milden Wintern verweilen Schwärme oder Einzelvögel länger in den südlichsten Teilen Schwedens, oft in Küstennähe. Dort versuchen sie mitunter auch zu überwintern. Zu den winterlichen Fütterungen kommt der Bluthänfling nur sporadisch, dennoch hat er es unter die ersten 60 Arten unter den Futterplatzbesuchern geschafft. Ihre Rückkehr nach Südskandinavien beginnt Ende März, der Schwerpunkt liegt im April.

Bluthänflinge sind Kulturfolger, sie lieben buschreiches, offenes Gelände mit Trockenrasen und Viehweiden. Ab Herbst bilden sie dichte Schwärme, die auf Stoppelfeldern und Brachland Nahrung suchen. Der kurze, runde Schnabel ist stets dunkler als bei den Berghänflingen. Das Weiß auf den Außenfahnen der Handschwingen ist auf dem gesamten Handflügel auffällig, bei den Berghänflingen wird es dagegen zu den inneren Handschwingen hin deutlicher. Der Bluthänfling ruft im Flug trocken und etwas stotternd »tett-ett-ett«. Er singt das ganze Jahr hindurch, auch im Winter, leise schwätzend mit angenehm zwitschernden, rollenden und nasalen Lauten.

BERGHÄNFLING

Linaria flavirostris

DER BERGHÄNFLING erinnert in mancher Hinsicht eher an einen großen, lang gestreckten »Alpenbirkenzeisig« als an einen Bluthänfling. Er ist überwiegend kräftig warmbraun mit einem unterschiedlich ausgeprägten currygelben Farbton an Gesicht und Kehle. Der gelbliche Schnabel hat eine kleine dunkle Spitze. Die helle Flügelbinde über die Großen Armdecken ist im Feld deutlich erkennbar. Die inneren Handschwingen tragen breite weiße Außenfahnen, was im Flug gut zu sehen ist. Der Bürzel zeigt eine ansprechende dunkelrosa Tönung, die im Feld höchtens zu sehen ist, wenn die Vögel am Boden landen. Im Vergleich zum Bluthänfling wirkt das Gefieder oft flauschiger, es isoliert ähnlich gut wie beim Birkenzeisig. Beim Auffliegen lässt der Trupp ein hänflingsähnliches »Tätt«, aber auch den arttypischen Lockruf, ein etwas lang gezogenes, nasales »Tvääecht«, hören. Bluthänflinge und Birkenzeisige fliegen schnell auf. Daher sind die Lockrufe wichtige Kennzeichen, wenn man Berghänflinge entdecken will. Diese Art zählt nicht zu den regelmäßigen Besuchern am Futterplatz, mitunter erscheinen aber Einzelvögel, die sich Birkenzeisigen angeschlossen haben.

In Skandinavien brüten Berghänflinge hauptsächlich in Norwegen. Sie bewohnen dort offene Fjällheidegebiete, vor allem in Küstennähe. Zur Zugzeit und im Winter trifft man sie häufig auf beweideten Strandwiesen und auf verschiedenen Ruderalflächen, in Hafengelände und im Bereich von Deponien an. In Schweden heißen sie »Vinterhämpling« (Winterhänfling), weil sie im Spätherbst in Südschweden eintreffen – mit Durchzuggipfel gewöhnlich erst Ende Oktober und Anfang November, während gleichzeitig die Birkenzeisige nach Süden abwandern. Da die Zugbewegungen meist in südlicher oder südöstlicher Richtung verlaufen, sind Berghänflinge folglich in Süd- und Mittelschweden nur selten anzutreffen. Sie kommen jedoch in Westschweden und in Dänemark zahlreicher vor.

BIRKENZEISIG

Acanthis flammea

FÜR MICH und viele Altersgenossen ist der Birkenzeisig ein typisch nordischer Vogel, der in manchen Jahren im Spätherbst in großen Trupps erscheint, nachdem im Norden der Winter Einzug gehalten hat. Im Sommer bieten ihre Singflüge über dem Fjällbirkenwald eindrucksvolle Erlebnisse für Fjällwanderer. Es geht hier um die nördliche Unterart *flammea*, deren Erstbeschreibung Linné vorgenommen hat (»Taigabirkenzeisig«, die Anführungsstriche bedeuten, dass es eine Unterart ist). Dieses Bild hat sich in der letzten Zeit durch die Einwanderung des »Alpenbirkenzeisigs« (Unterart *cabaret*) nach Schweden verändert.

Die rastlosen, dichten Trupps der nordischen Birkenzeisige sieht man oft, wenn sie in eine Birke oder in Kräuterbestände aus Strandmelde oder Beifuß einfallen. Bei der Zählung »Vinterfåglar inpå knuten« landet die Art einmal auf dem zehnten, dann wieder auf dem dreißigsten Platz. Entsprechend werden nur ein paar Tausend oder aber gleich über 50 000 Birkenzeisige gemeldet. Mein Eindruck ist, dass die Vögel nur vorübergehend erscheinen, um danach wieder zu verschwinden. Oft sehe ich einen oder wenige Vögel, die wie verirrt wirken oder sich im April einem Erlenzeisigschwarm angeschlossen haben. In anderen Gegenden Schwedens sind Trupps von bis zu 15 Vögeln an den Fütterungen keine Seltenheit. Man schätzt die schwedischen Brutbestände auf knapp eine halbe Million Paare.

Nomadenleben

Im Leben der nördlichen Birkenzeisige spielt die Birke eine bedeutende Rolle – so wie bei Erlenzeisigen die Fichte. Birken blühen gleichzeitig mit dem Laubaustrieb, reifen im Lauf des Sommers und verbreiten ihre Samen im Spätsommer und Herbst. Für die in den Norden zurückgekehrten »Taigabirkenzeisige« sind die Birkensamen, die unter dem schmelzenden Schnee zum Vorschein kommen, eine wichtige Nahrungsquelle. In der Brutsaison sind für eine erfolgreiche Jungenaufzucht aber zusätzlich auch die Raupen des Birken-Moorwald-Herbstspanners entscheidend. Das Angebot daran schwankt zyklisch, in Jahren mit hoher Raupendichte brüten Birkenzeisige entsprechend zahlreich, in anderen Jahren dagegen nur in geringer Anzahl. Wenn der Fruchtansatz der Fichten üppig ausfällt, können Birkenzeisige auf dem Frühjahrszug zunächst eine erste Brut im Nadelwaldgürtel aufziehen und anschließend weiterwandern, um eine zweite Brut weiter nördlich im Fjällbirkenwald zu zeitigen. Die Vögel verzehren auch Samen verschiedener Kräuter und Gräser. Ihre Lebensweise ist nomadisch, das bedeutet, sie folgen dem Nahrungsangebot und sind in manchen Jahren als Durchzügler und Überwinterer auch in Süd- und Mittelschweden zahlreich, in anderen Jahren dagegen ausgesprochen selten. Birkenzeisige ziehen oft erst relativ spät, ab der zweiten Oktoberhälfte bis November. Ihr Vorkommen im Winter hängt vom Nahrungsangebot ab. Die Zugrichtung weist mehr nach Süden oder Südosten, während sich die meisten anderen Finken nach Südwesten orientieren. Birkenzeisige sind nicht brutorttreu.

Mit rotem Stirnfleck

Einen Trupp Birkenzeisige zu beobachten, ist immer wieder faszinierend. Sie haben ein an Rentierfell erinnerndes, recht flauschiges Gefieder, eine Art »Winterpelz«, und einen langen Schwanz, mit dem sie beim Herumklettern in Birken oder trockenen Stauden balancieren. Genau wie viele andere Arten, die in Schwärmen auftreten, sehen sie auf den ersten Blick alle gleich aus. Aber wenn man genauer hinschaut, entdeckt man doch individuelle Unterschiede. Da wir Vogelbeobachter gern nach den seltenen Polarbirkenzeisigen Ausschau halten, mustern wir die Birkenzeisig-Trupps im Unterschied zu denen von Erlenzeisigen besonders sorgfältig.

Birkenzeisige tragen im Herbst und Winter eher warme Gefiedertöne in Gelbgrau und Braun. Der typische karminrote Stirnfleck, den alle haben, kann in Größe und Intensität variieren. Nur die adulten Männchen zeigen auch eine rosafarbene Brust und einen Rosaton im Gesicht – als hätten sie ohne Lätzchen Beeren genascht. Da Birkenzeisige zweimal im Jahr brüten,

»Taigabirkenzeisig«,
Weibchen

»Alpenbirkenzeisig«,
Weibchen

sind adulte Männchen mit rosa Brust in den Herbsttrupps eine Minderheit im Verhältnis eins zu zehn. Im Spätwinter und Frühjahr bleichen die hellen Federsäume aus und verschleißen, wodurch die Vögel immer mehr Grau annehmen und die Oberseite braungrau wird. Im April am Futterplatz wirken »Taigabirkenzeisige« überwiegend farblos, mit Ausnahme der roten Stirn und der rosafarbenen Brust der Männchen. Der farblos graue Eindruck verstärkt sich noch während des Frühjahrs; wenn man die Vögel im Vorsommer im Fjällbirkenwald sieht, erlebt man sie meist graustreifig und mit roter Stirn.

Alpenbirkenzeisig

Der »Alpenbirkenzeisig« ist die Unterart *cabaret* des Birkenzeisigs. Er brütete früher in Europa nur in den alpinen Nadelwäldern und in Nordengland. Die Nistplätze der englischen Brutvögel befanden sich ursprünglich in Buschlandschaften oder niedrigen Gehölzen, oft mit Birken, oder in Kiefernpflanzungen. Im 19. Jahrhundert breiteten sich die »Alpenbirkenzeisige« in einer ersten Welle von England nach Süden aus und erreichten so Kontinentaleuropa. In einer zweiten Welle gelangten sie im 20. Jahrhundert nach Südwestskandinavien, von dort aus in den 70er-Jahren an die schwedische Westküste. Eine wichtige Voraussetzung für diese Arealerweiterung war die großflächige Pflanzung von Nadelbäumen, die als dichte Jungwälder perfekte Niststandorte boten. Besonders in Südwestschweden erwies sich die Bergkiefer, die oft in den Villen- und Sommerhausvierteln angepflanzt wurde, als bedeutender Brutbaum. Seit einiger Zeit brüten die »Alpenbirkenzeisige« sogar entlang der Ostseeküste. Wichtigste Nahrungsquelle sind wie im Norden Birkensamen.

Am Futterplatz erscheinen meist nur ein oder wenige »Alpenbirkenzeisige«. Man erkennt die Alpenform oft »instinktiv« an dem gesättigteren Braun und Beige und daran, dass sie etwas kleiner ist als die nordische Form. Besonders Wangen und Brustseiten sind satt gelbbraun wie auch die Flügelbinde, die bei den nordischen Artgenossen hell hervorsticht. Man kann sie leicht mit Berghänflingen verwechseln, wenn man nicht die rote Stirn sieht. Es ist denkbar, dass »Alpenbirkenzeisige« und weit südlich brütende »Taigabirkenzeisige« in manchen Jahren gemeinsam brüten und dann Hybridvögel mit intermediären Merkmalen auftreten können.

Scheppernde und metallisch surrende Laute

Als typischen Flugruf hört man ein hüpfendes »Djitt« oder »Djiji-jitt«, das oft kombiniert und in schneller Folge gereiht wird. Der lang gezogene Lockruf klingt dissonant »tjüeeht« oder »tjüiiht« und erinnert entfernt an entsprechende Erlenzeisigrufe. Im Singflug, der in weiten Bögen vorgetragen wird, sind unterschiedliche sehr schnelle Triller und zikadenähnliche Abschnitte mit gedehnten, metallisch surrenden Tonfolgen kombiniert. Flug- und Kontaktrufe erinnern an die des Erlenzeisigs, klingen aber stotternder und haben eine spezielle metallisch-dissonante Tonqualität.

adultes Männchen

POLAR-BIRKENZEISIG

Acanthis hornemanni

DER POLARBIRKENZEISIG kommt normalerweise in hocharktischen, baumlosen Gegenden vor. Er wird als eigene Art behandelt, ist aber dem „Taigabirkenzeisig" genetisch und im Aussehen sehr ähnlich, möglicherweise gibt es auch Hybridvögel beider Arten. In manchen Jahren brüten die Polarbirkenzeisige in der Birkenregion, aber normalerweise in der Weidenzone des Fjälls und in der küstennahen Tundra. Im Winter bleiben sie meist im Norden, doch einzelne Vögel schließen sich „Taigabirkenzeisigen" an und ziehen mit ihnen im Spätherbst nach Süden. Sie kehren aber früher an ihre Brutplätze zurück als die Taiga-Unterart.

In der schneebedeckten Tundra lässt sich ein Polarbirkenzeisig einfach bestimmen, wenn er hell und wie gebleicht wirkt und seine Brust hell rosafarben ist. Möchte man dagegen einen Polarbirkenzeisig weiter südlich in einem Schwarm nordischer Birkenzeisige identifizieren, wird es schwierig. Als wichtigste Bestimmungsmerkmale gelten das ungestrichelte weiße Feld auf Hinterrücken und Bürzel sowie fehlende oder nur dünne Schaftstriche auf den Unterschwanzdecken. Die Unterseitenzeichnung ist oft auf nur wenige deutliche Strichel auf den hinteren Flanken beschränkt. Ältere Männchen wirken häufig auffallend hell, ihre Brust ist rosa überhaucht. Die Vögel ähneln in ihrem ersten Winter oft nordischen Birkenzeisigen, sind aber meist insgesamt heller, vorne mit gelbockerfarbenem Anflug und einem etwas wärmeren roten oder orangeroten Stirnfleck. Über den Hinterrücken zieht sich normalerweise ein ungestricheltes weißes oder schwach warmgetöntes Band. Einzelne junge Weibchen zeigen dort angedeutete Strichel oder Flecken. Die Polarbirkenzeisige wirken oft langgestreckter durch den längeren Schwanz und kürzeren Schnabel.

Jungvogel
adultes Männchen

HAKENGIMPEL

Pinicola enucleator

WENN WIR Ornithologen hören, dass Hakengimpel unterwegs auf dem Zug nach Süden sind, bekommen wir einen verklärten Blick. Man könnte diese Vögel so etwas wie die Könige der Finken nennen, ungeachtet, wie prächtig selbst der Kernbeißer aussieht. Der Grund hierfür ist nicht nur die Größe und Schönheit, sondern auch dass wir dem Hakengimpel in Südschweden selten begegnen und er geradezu die Seele der Taiga verkörpert. Wie beim Gimpel fällt es mir schwer zu sagen, wer schöner ist, Weibchen oder Männchen. Der Hakengimpel brütet zirkumpolar auf der nördlichen Halbkugel am Nordrand des Nadelwaldgürtels. Man rechnet in Schweden mit etwa 10 000 Paaren, die in älteren Nadelwäldern mit Birken und Ebereschen sowie mit beerentragenden Zwergsträuchern brüten.

Hakengimpel sind wie Trolle, etwas zu groß geraten und freundlich, zudem tragen sie grau-wollene Unterkleider. Vor dem Besuch im Dorf haben sie ihr feines Sonntagsgewand angezogen – die Männchen in Weinrot, die Weibchen in Gelbgrün. Das Grau lugt zwar noch aus Spalten und Nähten hervor, aber sie tragen ihre Tracht mit Stolz. Die Säume an allen Flügelfedern erinnern an Silberdraht oder grauweiße Seidenfäden – passend für Könige. Mit dem großen Schnabel und den ruhig blickenden Augen erinnert der Vogel an einen kleinen Troll, den es aus seiner moosigen Fichtenheimat in die Stadt verschlagen hat, wo er sich jetzt auf dem Marktplatz in einer verschneiten Eberesche den hungrigen Bauch mit Beeren vollschlägt.

Weibchen und Männchen kann man im ersten Winter kaum unterscheiden. Die Grundfärbung von beiden ist grau, Kopf, Brust, Rücken und Bürzel sind goldgrün bis pomeranzenorange gefärbt. Die Verteilung dieser Färbung ist jedoch individuell unterschiedlich, manche Vögel tragen sie nur an Kopf und Brust. Die Farbe ist schwer zu definieren. Wie beim goldblühenden Frauenhaarmoos leuchtet sie manchmal goldgrün,

junges Männchen

adultes Weibchen

mitunter auch hellorange. Die grünlich gefärbten Vögel haben ein paar pomeranzenfarbene Federn am Kopf. Es scheint, dass sich diese in verschiedenen Wachstumsstadien befinden und die Pigmentierung auch von der Ernährung abhängt. Möglicherweise erkennt man ältere Weibchen am goldgrünen Ton auf den Handschwingenfahnen oder die adulten weinroten Männchen am schwachen Rosaanflug. Die hellen Außenfahnen von jungen Vögeln wirken schmaler, zudem sehen sie rein weiß aus. Wie bei den meisten Finken haben die Jungvögel spitzere Steuerfedern.

Dumsnut – Dummkopf

Der Hakengimpel, so kann man lesen, hieß früher bei den schwedischen Vogelfängern »Dumsnut«. Magnus von Wright beschrieb 1859, wie es zu diesem wenig ehrenhaften Namen kam: »… da er wegen seines Riesenappetits so unvorsichtig ist und nicht auf Gefahren achtet, die unter dem Baume lauern, so dass er sich mit einem Spazierstock oder einer Rute, an deren Ende eine Schlinge befestigt ist, leicht von einem niedrigen Vogelbeerbusch herunterholen lässt.« Im 19. Jahrhundert war der Vogel allgemein bekannt, deshalb darf man vermuten, dass er auch regelmäßig als Wintergast nach Süd- und Mittelschweden kam. Laut Sven Nilssons Buch »Skandinaviska fauna« von 1859 war er zu der Zeit seltener als noch zu Beginn des 19. Jahrhunderts. Vielleicht brüteten die Hakengimpel in den Jahrhunderten vor Nilssons Buch weiter südlich und in größerer Zahl, denn damals war das Klima bedeutend kälter als heute. Vermutlich gab es in großen Teilen Norrlands auch viel mehr ältere beerenreiche Nadelwälder.

Die Kerne der Vogelbeeren

An Fütterungen erscheint der Hakengimpel nur dann mit gewisser Regelmäßigkeit, wenn sie in den Provinzen Norrbotten oder Västerbotten liegen. Da die Vögel vor allem von Ebereschen angelockt werden, finden sie sich oft ganz furchtlos mitten in der Stadt ein. Man könnte diese Bäume sogar als eine Art Futterstelle ansehen. Hakengimpel fressen nicht das Fruchtfleisch, sondern nur die Kerne. Der wissenschaftliche Artname »enucleator« kommt vom lateinischen »enucleo« und bedeutet »ich entkerne«. Man sieht oft Hakengimpel, deren Schnäbel mit Fruchtfleisch verschmiert sind. Es dauert ja auch einige Zeit, eine Beere zu pflücken und sie zu bearbeiten.

Ich grübelte einmal, wie schwer es wohl ist, die Kerne aus den Ebereschenbeeren herauszuholen. Ich steckte ein paar Beeren in den Mund und versuchte, mit Zunge und Zähnen die Kerne vom Fruchtfleisch zu trennen. Beim ersten Versuch erntete ich einen Kern. Allerdings wusste ich nicht, wie viele Kerne sich überhaupt in einer Beere befinden. Bei einer anderen Gelegenheit öffnete ich einige Ebereschenbeeren mit einem scharfen Messer. Das Ergebnis waren vier Kerne, jeweils vier Millimeter lang und wie eine flache Knoblauchzehe geformt. Deshalb also kauen die Hakengimpel mit solcher Ausdauer auf dem Fruchtfleisch herum, bis sie die Beere vollständig entkernt haben. Allerdings enthielt nicht jede Beere vier Kerne. Entweder waren nicht alle vier ausgereift, oder es gab weitere Interessenten wie Kleintiere an den Kernen. Ich malte mir aus, was diese kleinen Bewohner wohl empfinden müssten, wenn der Hakengimpel wie ein gieriger Riesentroll in ihr trautes, sicher verschlossenes Beerenheim eindringt …

Drosseln und Seidenschwänze sorgen für die Verbreitung der Eberesche, denn die Kerne passieren deren Darm unverdaut. Deshalb nehme ich an, dass die Hakengimpel die Kerne schon im Schnabel zerkleinern. Diese großen Finken sind robuste Vögel. Sie knipsen auch Knospen und junge Triebe von Bäumen ab und verzehren verschiedene Samen und Kerne. In der Brutsaison fangen sie außerdem Insekten.

Besuch auf Gotland

Wenn in Südschweden viele Hakengimpel gesichtet werden, stammen sicherlich die meisten von ihnen aus dem Osten. Sie scheinen aber nur ungern über das offene Meer zu ziehen und sind daher auf Gotland eine echte Rarität. Ein einziges Mal habe ich sie auf meiner Heimatinsel gesehen. Es war kurz vor Weihnachten, ich war auf dem Weg zur Hauptstadt Visby, um eines meiner Kinder von der Fähre abzuholen. Ich hatte davon gehört, dass ein kleiner Trupp Hakengimpel in einer Lärchengruppe gesehen worden war. Diese Chance wollte ich nicht verpassen. Dort angekommen, stieg ich auf eine kleine Anhöhe, um die besagten Lärchen besser überblicken zu können. Es schneite stark, während ich fast eine Stunde lang Ausschau hielt. Wieder und wieder ließ ich mich von dem einen oder anderen Grünfink täuschen, der zufällig auftauchte, so gespannt war ich. Als die Fähre schon in den Hafen einlief und die Zeit knapp wurde, hörte ich plötzlich die typischen Kontaktrufe, klar flötend »tsü-liüh«, und versuchte, im Schneetreiben etwas zu erkennen. Da kamen sie in hohen Bögen angeflogen, schwer und langschwänzig, etwa fünf Vögel. Sie drehten ein paar Runden, bevor sie sich in einer der Lärchen niederließen, und begannen sofort, sich über die Triebe herzumachen. Die Weibchen passten farblich exakt zu den braungelben trockenen Lärchenzweigen.

Hakengimpel äußern auch einen schnellen Doppellaut wie »külli-külli« oder, schneller, »lüllüll«, fast wie ein Wachtelschlag. Sie singen auch im Winter, dann hört man vor allem leise schwätzende Folgen, den sogenannten Subsong: Sie sitzen und »plaudern« etwa wie ein Gimpel mit Kontaktrufen, kurzen Flötentönen und Trillern. Ihr Gesang erinnert etwas an Gesänge von Drosseln – vor allem den mancher Rotdrosseln, eine schnelle Zwitscherfolge mit tiefen flötenden Tönen – für einen »Waldtroll« eigentlich recht schnell und elegant …

Andere rote Finken im Winter

In Schweden gibt es drei Kreuzschnabelarten mit roten Männchen und graugrünen Weibchen, deren Aussehen an Hakengimpel erinnert. Die Kreuzschnäbel haben sich auf Nadelbaumsamen spezialisiert und richten sich mit ihrer Brutzeit nach der Samenreifung der verschiedenen Nadelbaumarten. Der Fichtenkreuzschnabel *(Loxia curvirostra)* bevorzugt Zapfen von Fichten, der Kiefernkreuzschnabel *(L. pytyopsittacus)* die von Kiefern, und der Bindenkreuzschnabel *(L. leucoptera)* ist auf Lärchenzapfen spezialisiert. Auch Kreuzschnäbel und speziell Bindenkreuzschnäbel fressen die Kerne von Ebereschen und sind deshalb wie Hakengimpel manchmal in Siedlungen anzutreffen. Bisweilen kommen die Kreuzschnäbel auch zu Fütterungen, sind aber dort eher selten. Kiefern- und Fichtenkreuzschnäbel brüten oft im Februar, wenn die Zapfen kurz vor Beginn der Vegetationsperiode reif werden, um sich bald zu öffnen und die Samen freizugeben. Der Bindenkreuzschnabel kommt mit seinem kühlen Kirschrot dem Hakengimpelmännchen am nächsten; er ist aber kleiner, hat weiße Flügelbinden und natürlich die für Kreuzschnäbel typischen gekreuzten Schnabelspitzen.

GIMPEL
Pyrrhula pyrrhula

ALS ICH in den Kindergarten ging, sollten alle Kinder einen Weihnachtsleuchter aus Holz bemalen, den wir zum ersten Advent mit nach Hause nehmen durften. Ich kam mit einem halben Dutzend grau angemalter Leuchter heim, die ich mit einem winterlichen Zweig und rotbäuchigen Gimpeln dekoriert hatte. Meine Mutter liebte Gimpel, die sie an die Winter ihrer Kindheit in der Provinz Jämtland erinnerten. Es überrascht nicht sonderlich, dass der Gimpel mit seiner warmroten Unterseite und dem dazu passenden grauen Rücken wohl schon lange ein Symbol für Weihnachten ist. Und genau dann, wenn die Kälte einsetzt und der Wald tief verschneit ist, kommen Gimpel zu uns an den Futterplatz. Sie landen bei »Vinterfåglar inpå knuten« stets ungefähr auf dem fünften Platz, in Jämtland oft sogar auf dem ersten. Sie brüten vor allem in Fichtenwald, daher erreichen sie auch ihre höchste Dichte in Norrland sowie im südschwedischen Hochland. In ganz Schweden brüten etwa 380 000 Gimpelpaare. Am Futterhaus fressen sie mit Vorliebe Hanfsamen, aber oft leben sie den Winter über von Laubbaumknospen und sogar von Fichtentrieben. Besonders gern mögen sie Obstbaumknospen – sehr zur Freude der Obstbauern natürlich.

Verlockendes Rot

Das Rot der Gimpel hat etwas Magisches an sich. Ich werde nie herausfinden, was dem Gimpel diese Schönheit verleiht: der Vogel als Ganzes, der Kontrast von Rot zu Weiß, Grau und Schwarz oder eine besondere Eigenschaft der Farbe selbst und des Gefieders? Manchmal scheinen die Federn hellrot zu leuchten und wie ein Seidenband zu glänzen, dann wieder wirken sie fein gedämpft und zart weich. Am liebsten würde ich in einem solchen Moment den Vogel in die Hand nehmen und malen, wie das Licht die Unterseitentönung wunderbar in Szene setzt. Hat man das Glück, ein Männchen an einem Aprilmorgen singen zu sehen, leuchtet seine Brust in einem warmen Rot. An kühlen Wintertagen dagegen ist das Rot vor grauem Himmel und weißem Schnee am schönsten, wie eine unvergleichliche Verlockung. Vermutlich ist es nur die Wellenlänge des roten Lichts, die etwas in uns zum Schwingen bringt, das Schwarz und Grau bilden dazu einen schlicht-eleganten Rahmen. Wenn sich das Männchen aufplustert, bekommt die Unterseite ein besonders kühles Rot oder zum Bauch hin einen Rosaton. Im Buch »Dagrar« *(Tage)* schrieb ich, dass ein Gimpel ohne Schnee etwa so wie ein Tomte in einem Trainingsanzug ist – niemals stimmig. Im April sehe ich die Gimpel oft auf dem Frühjahrszug. Dann suchen sie am Boden unter Laubbäumen nach Samen. Im rotbraunen Laub fällt das Rot gut auf, dann erinnert es an ein ausgewaschenes rotes T-Shirt.

Weibchen – schlichte Eleganz

Wenn ich einen Gimpel sehe, streite ich jedes Mal mit mir, ob nun Männchen oder Weibchen schöner sind. Die erste Wahl fällt selbstverständlich auf die Männchen, aber je öfter ich die Weibchen betrachte, desto besser gefallen sie mir. Auch sie sind variabel: Das pastellfarbene Beigebraun der Unterseite lässt mich an eine Farbpalette mit warmbraunen Lippenstift- oder Lidschattentönen denken. Vielleicht meine ich auch Rouge? An den Wangen ist die Färbung wärmer, eher ein leuchtendes Braunrosa, zur Brustseite hin wird sie grauer und schlichter. Die Eleganz entsteht, weil auch der Mantel braun ist, aber kühler und dunkler braun, und sich von den weichen Farbübergängen der Unterseite absetzt. Der »Schal« ist grau, aber sonst wie beim Männchen. Das Schwarz auf Scheitel und Flügeln weist einen blauen Glanz auf. Die Außenfahnen der drei äußeren Handschwingen zeigen einen prächtigen schwefelgelben bis weißgrauen Ton, der bei Weibchen und einjährigen Männchen besonders deutlich ist.

Die breite, von den hellen Spitzen der Großen Armdecken gebildete Flügelbinde ist nicht rein weiß, wie man es oft abgebildet sieht, auf jeden Fall nicht im Winter. Juvenile Vögel haben ein frisches Ocker auf der Flügelbinde, doch diese Federn werden während der Herbstmauser von innen her durch breitere graue ersetzt. Daher kann man im Winter die meisten

adultes Männchen

adultes Weibchen

Jungvögel daran erkennen, dass ihre graue Flügelbinde zum Flügelrand hin mit einem helleren warmen Ton abschließt.

Eine Eigenheit haben Gimpel mit vielen anderen Singvögeln gemeinsam: den tiefen preußischblauen Glanz auf den schwarzen Federn. Am deutlichsten erkennt man das auf den langen, abgerundeten Oberschwanzdecken. Diese haben eine seltsam samtige Oberfläche, ein an Kolkraben erinnerndes Schwarz, und einen Glanz, der mit dem »Baumwollweiß« des Bürzels kontrastiert. Bei optimalem Licht überrascht und beglückt der Anblick, als wäre die rote Brust nicht schon eindrucksvoll genug.

Das richtige Licht

Nach einigen stürmischen und kalten Tagen mit blauem Himmel kommt dieser Tag, an dem die Sonne nicht aufgehen will. Der Nordostwind weht den Schnee über das graugrüne Meer heran. Vor der nahenden Schneefront nimmt die Färbung der Gimpelweibchen fast einen Graulilaton an. Wenn aber die fahle Sonne den weißen Schneehimmel durchbricht, kann ein anderes Weibchen direkt unter dem Auge ein faszinierendes Gelbrosa zeigen. Manchmal sehe ich einfach nur zu und versinke förmlich in diesen Farben, und fast jedes Mal habe ich ein Aha-Erlebnis: Ja, so ist die Weichheit und der Farbton im Zusammenspiel mit einem besonderen Zweig oder mit dem Herbstlaub, genauso muss ich den Vogel darstellen. Meine aufwändigen Bilder wirken auf einmal wie mühsam aus einem Malkasten mit Grundfarben gepinselt. All die feinsten Nuancen, die ich glaubte, mit dem Pinsel zum Leben zu erwecken, wirken nur leblos. Dann muss ich noch einmal neu anfangen, im passenden Licht, genau jetzt und hier.

Frühlingsgefühle

Zum Spätwinter hin sieht man oft, wie sich die Männchen den Weibchen nähern: Er hüpft seitwärts in ihre Nähe, reckt sich hoch und sträubt das Bauchgefieder, so dass die Flügelbinde verdeckt ist. Oft fliegt sie davon, aber wenn sie in Stimmung ist, stehen sie nebeneinander und vollführen mit ihren Schwänzen Dreh- und Pendelbewegungen. Dann kommt es häufig zu mehreren kurzen Schnabelberührungen, als wollten sie sich küssen.

adultes Männchen

Der Gesang des Gimpels ist kaum bekannt. Wenn im Frühling die Vögel plötzlich die Landschaft mit ihren Liedern erfüllen, zieht es die Gimpel in den dunklen Wald, oder sie sind im April zumindest sehr unauffällig. Aber mitunter singen Gimpel in der Nähe eines Futterplatzes leise vor sich hin. Dieser »Subsong« klingt verhalten zwitschernd und ist mit schönen Pfeiftönen, aber auch gequetschten und kratzigen Lauten garniert. Allgemein bekannt sind jedoch die weich pfeifenden Kontaktrufe »djüh« oder »djiüh«. Oft hört man zwei unterschiedliche Töne. Dann frage ich mich, ob sie von einem Vogel stammen oder von einem Paar, das im Duett singt.

Manchmal erscheinen in Schweden Gimpel, deren Kontaktrufe wie eine Kindertrompete klingen. Vermutlich stammen sie aus östlichen Brutgebieten. Gimpel brüten in einem breiten Gürtel in Eurasien bis nach Japan.

junges Weibchen

KERNBEISSER

Coccothraustes coccothraustes

MEINE ERSTE BEGEGNUNG mit dem Kernbeißer hatte ich in jungen Jahren an einem Maitag unter einer Buche am Omberg in Östergötland. Ich erinnere mich noch genau an den starken Eindruck, den der auffliegende Vogel hinterließ: ein großer, schwerer Vogel mit viel Weiß auf Flügeln und Schwanzende. Er flog ganz in der Nähe hoch, davor war er in dem trockenen Buchenlaub völlig getarnt.

Der Kernbeißer ist immer noch zahlreich in der Provinz Östergötland, denn diese Landschaft ist geprägt von Laubwäldern, Eichenhängen und Gärten. Seit jeher ist der Kernbeißer Teil der Edellaubwälder Europas, er hat sich aber auch an die kleinräumige Kulturlandschaft angepasst. In vielen Villenvororten und Parklandschaften boten Bäume und Büsche wie Hainbuche und Kirsche geeignete Lebensräume. Als im 19. Jahrhundert die Kleine Eiszeit ihren eisigen Griff um die skandinavische Halbinsel lockerte, breitete sich der Kernbeißer nach Norden aus. Sein heutiges Kernareal erreichte er etwa Mitte des 20. Jahrhunderts. Während der letzten Jahrzehnte mit eher milden Wintern und zunehmenden Fütterungen haben die Vögel die Gebiete entlang der Küste Norrlands erobert. Bei »Vinterfåglar inpå knuten« dominieren natürlich Meldungen aus Schonen und Blekinge, aber der Kernbeißer wird sogar in Mittelschweden in kleineren Anzahlen registriert. Die Bestände schwanken von Jahr zu Jahr, trotzdem erreicht diese Art meist einen Platz unter den ersten zehn.

Den Anblick eines Kernbeißers empfindet man stets als etwas Besonderes, Seltenes und leicht Exotisches. Jedes Mal, wenn ich an meiner Fütterung einen Kernbeißer entdecke, höre ich mich leise sagen: »Oh, ein Kernbeißer, wo ist denn mein Fernglas?« Die Vögel muss man betrachten und genießen, man kann sie nicht einfach so wahrnehmen wie Feldsperlinge oder Grünfinken, sie verlangen Aufmerksamkeit.

Barscher Klavierträger

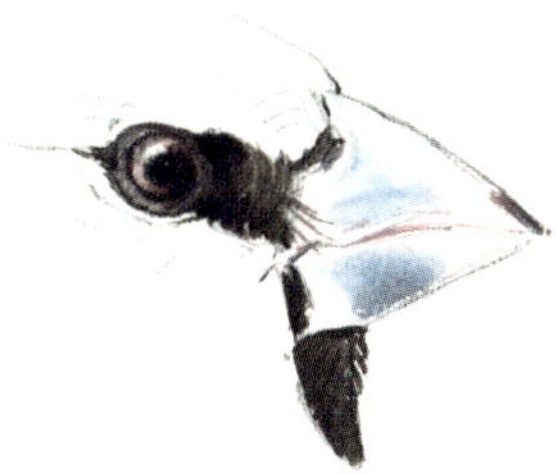

Der Körper wirkt stämmig und durch den großen Kopf und Schnabel vorderlastig. Sven Nilsson schrieb: »Der ganze Vogel ist richtig gedrungen, dick und kurz.« Für Finkenverhältnisse ist er jedoch nicht kurz, aber kompakt und kraftvoll, vielleicht wie man sich einen Klavierträger vorstellt. Er sieht mit seiner schwarzen Maske und dem gigantischen Schnabel ausgesprochen barsch aus. Der Schnabel hat eine solche Größe, dass man im Fernglas die Farbe des Hornteils sowie dessen Schattierungen und Glanz erkennen kann. Die Größe wird durch die schwarze Einfassung noch betont. Im Winter ist der Schnabel hell hornfarben, an manchen Stellen mit einem kälteren Ton. Nilsson beschrieb ihn als »perlenfarbig«, und da ist auch etwas dran, denn er ist perlgrau mit Tendenz zu Rosa oder, zum Spätwinter hin, zu Graublau. Gegen Spätsommer zu wird er schwärzlicher, im Sommer sieht er oft zweifarbig aus – schwarzblau mit heller graublauer Basis. Wenn der Vogel auf einem Zweig steht, wirkt der Schwanz kurz und schmal – wie ein kleiner, rostbeiger Zweigstumpf mit heller Spitze. Beim Auffliegen bin ich jedes Mal erstaunt, wie viel Weiß der Schwanz aufweist: wie ein Fächer, außen weiß und innen zum Bürzel hin schön zimtfarben.

Größere Unterschiede in der Gefiederfärbung durch Abnutzen der hellen Federsäume wie bei vielen anderen Finken gibt es beim Kernbeißer nicht. Er scheint es nicht nötig zu haben, sich im Herbst eine Schutzfärbung zuzulegen. Seine Stärke und Wachsamkeit verleihen ihm Immunität. Im Gegenteil, sein Gefieder ist perfekt angepasst, um am Boden in der trockenen Blätterschicht des Buchen- oder Eichenwaldes zu verschwinden. Vielleicht braucht er keine Federsäume und unterbrochenen Muster wie andere Arten, die offenere Landschaft bewohnen. Die weißen Abzeichen auf Flügeln und Schwanz sind Warnsignale, damit beim Auffliegen alle Artgenossen aufmerksam werden und blitzschnell reagieren können.

Prächtige Färbung

Das Männchen ist einfach prächtig. Die Farben sind satt, gleichmäßig, und die Abstufungen zwischen den Tönungen sind weich und gleichzeitig deutlich. Der Kopf besitzt eine eigene Farbe, die man weder als Rostorange noch Rostbeige bezeichnen kann, sondern wie Hagebuttensaft, von vorne erscheint er eher kupferfarben. An der Stirn weist der Farbton fast einen Glanz auf und vertieft sich zum Nacken hin, wo er durch einen neutral grauen Schal begrenzt wird. Brust und Bauch zeigen ein sattes, schwer fassbares graues Braunrosa. Vielleicht auch ein Goldnougatton für den, der diese Süßigkeit liebt. Der Rücken ist dunkelbraun, das helle Flügelfeld beginnt an den Großen Armdecken und geht ganz innen in Rostbraun über. In der Frühlingssonne können die grauweißen Kleinen Armdecken ganz weiß aussehen, sie sind aber eigentlich schwach graubeige getönt. Der übrige Flügel ist blauschwarz mit Lila- und Preußischblau-Glanz. Vier der Handschwingen haben eine merkwürdige Ornamentform – ausgezogen und verdreht wie aufgereihte Seidenfliegen. Die Armschwingen zeigen einen deutlichen Lilaschimmer, der je nach Lichteinfall mal matt wie gebürstetes Metall, mal glänzend erscheint.

Weibchen gleichen in den Farbmustern den Männchen, lassen aber deren Farbklarheit vermissen. Sie tendieren mehr zu Beige, Grau und Braun – als würde man im Photoshop Farbsättigung und Kontrast gleichzeitig verringern. Beim schnellen Hinsehen kann man die Geschlechter verwechseln. Manche Weibchen sind etwas farbenfroher und können auf dem Kopf einen schwachen warmbeigen Anflug aufweisen. Der warmbraune Ton auf dem Rücken ist ähnlich dem der Männchen. Ein Kennzeichen dieser farbenfroheren Weibchen sind die matt grauen Armschwingen, was bei jedem Lichteinfall zu sehen ist – ebenso die Außensäume auf den Handschwingen unterhalb der »Seidenfliegen«, die auch grau sind. Die dunkle Maske ist nicht ganz so schwarz, oft erscheint der Zügel eher grau. Das Weiß auf den gespreizten Steuerfedern ist weniger ausgedehnt.

Scheuer Nussknacker

Der Kernbeißer trägt seinen Namen nicht umsonst, denn er kann die Kerne von Steinfrüchten wie Kirschen und Schlehen knacken. Ihre Hauptnahrung finden die Vögel in Waldgebieten, wo die Samen von Rotbuche, Hainbuche und Ahorn von der Reifezeit im Sommer bis weit in den Herbst hinein zur Verfügung stehen.

Wenn die Samenernte erschöpft ist oder der Schnee die heruntergefallenen Früchte überdeckt, ernähren sich die Vögel von Knospen unterschiedlicher Laubbäume wie Eichen und Ulmen. Oft erscheinen sie

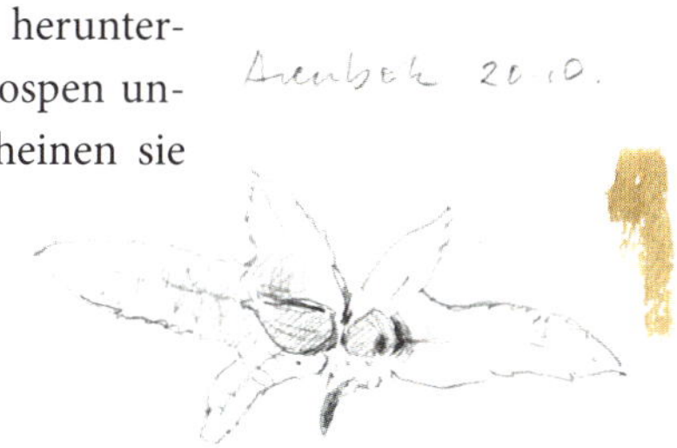

Männchen im Winter

huvud
bröst
buk
rygg
8
9

genau zu dieser Zeit auch an den Futterplätzen und kehren während des Winters dorthin zurück. Viele Kernbeißer wandern jedoch im Herbst nach Süden, wobei die Hälfte von ihnen das Land verlässt, die übrigen Vögel konzentrieren sich in den Buchenwäldern von Blekinge und Schonen. Ihre Anzahl wechselt an meiner Fütterung von Jahr zu Jahr. In manchen Jahren kam ein kleiner Trupp regelmäßig, um Sonnenblumenkerne zu fressen, in anderen Jahren fehlten die Vögel völlig oder erschienen erst während des Frühjahrszugs im April. Im Winter leben sie teilweise nomadisch, indem sie dem Nahrungsangebot folgen. Man rechnet mit rund 17 000 Brutpaaren in Schweden; das entspricht etwa der Anzahl der Stieglitzpaare. Für diejenigen, die sich meist in Süd- und Mittelschweden aufhalten, kann dieser Vergleich stimmig sein. Den Stieglitz empfinden wir als häufig und als eine Vogelart, die man auch im Sommerhalbjahr regelmäßig antrifft, aber eher noch im Spätsommer und Herbst. Den Kernbeißer sieht man dagegen viel seltener, was außerhalb von Fütterungen auch für den Winter gilt.

Der Kernbeißer ist scheu und wachsam. Man entdeckt ihn nur selten im Wald oder im Garten – höchstens, wenn er über eine Lichtung oder von einem Garten zum nächsten fliegt. Der Flug ist schnell, seine Bahn verläuft in tiefen Bögen, wobei Gleitphasen mit angelegten Flügeln und Phasen mit raschen Flügelschlägen abwechseln. Dann leuchten die weißen Flecken an den Handschwingenbasen auf den langen Flügeln.

Kein großes Gesangstalent

Häufigster Flugruf ist ein scharfes, explosives »Tzit«, das mit einigen Sekunden Pause wiederholt wird, mitunter auch ein hell klingelndes »Srii«. Allerdings hört man Kernbeißer selten von Nahem, denn am Futterhäuschen betrachtet man sie nur vom Fenster aus, und wenn man den Futterautomaten nachfüllt oder sich im Garten bewegt, fliegen sie sofort weg und kehren erst nach einer Weile wieder zurück. Dagegen lassen sich Grünfinken, Kohlmeisen und Goldammern von unserer Anwesenheit nicht stören. Manchmal habe ich mich in der Nähe der Fütterung versteckt, bei dieser Gelegenheit hörte ich die Kernbeißer rufen. Oft scheinen sie eine Zeit lang in den Bäumen ringsherum abzuwarten und zu prüfen, ob die Luft rein ist. Dabei kündigen sie ihr baldiges Kommen mit ihren scharfen Kontaktrufen an. An der Fütterung suchen sie zunächst am Boden nach verstreuten Sonnenblumenkernen. Sie verstehen recht schnell, dass man dort landen sollte, wo die Grünfinken Platz nehmen, auf einer der Sitzstangen am Behälter mit Sonnenblumenkernen. Bei den kleinen Scharmützeln um die begehrtesten Sitzstangen rufen sie hin und wieder kurz, dissonant und fast vokallos »stüx« oder »stütt«. Als ich einmal im April in meinem Versteck saß, begann ein Männchen ganz in meiner Nähe zu singen. Ein eigenartiges Erlebnis. Die ansprechende Musterung und der große Schnabel lassen einen kraftvollen Gesang erwarten, der weit trägt, doch das Gegenteil ist der Fall: Die Darbietung wirkte sehr privat, als würde der Vogel für sich selbst singen. Der Gesang klingt nachdenklich schwätzend, zuerst der Lockruf »tztt«, Pause, »stüx«, dann lange Pause, dann »tzit tsick … srii … tzick«. So vergeht eine Weile mit dem, was man als Auftakt zu einem Gesang empfindet. Nach mehreren Minuten hatte er offensichtlich zu sich selbst gefunden und probierte einige besser klingende Vokale, leise Pfeiftöne oder kurze flötende Laute, als würde er plötzlich zu improvisieren beginnen. Trotzdem wurde es kein schöner Gesang wie von Grünfinken oder Hänflingen.

Männchen im Frühjahr

SCHNEEAMMER

Plectrophenax nivalis

DIE SCHNEEAMMER, ein hochnordischer Vogel, brütet nur oberhalb der Baumgrenze, meist in den Blocksteinhalden des Hochfjälls, sowie in küstennaher Tundra und auf den vorgelagerten Inseln. Das Verbreitungsareal erstreckt sich um den ganzen nördlichen Erdball. In Schweden schätzt man die Anzahl der Brutpaare auf 26 000. Viele Brutvögel der skandinavischen Fjällkette überwintern entlang der norwegischen Küste, manche auch lokal in Südschweden. Während des Zugs sieht man die Vögel auch viel weiter im Süden. Im Winterhalbjahr trifft man Schneeammern meist an Stränden und offenen Küstenabschnitten, sie fliegen aber auch auf Äcker und Stoppelfelder. Stets bilden Samen die wichtigste Winternahrung.

Als Besucher von winterlichen Vogelfütterungen sind Schneeammern recht ungewöhnlich, aber trotzdem erreichen sie bei »Vinterfåglar inpå knuten« einen Platz um die 60. Wenn sie im April in den Fjällgebieten eintreffen, kommen sie bei Schnee und Kälte in den Hochlagen häufiger an die Fütterungen in den nahen Tälern und Siedlungen.

Die etwa feldlerchengroßen Vögel sind wegen ihres auffälligen weißen Flügelfeldes leicht zu bestimmen. Zur Brutzeit sind die Männchen ganz weiß mit Schwarz auf Mantel und Teilen von Flügeln und Schwanz. Die Weibchen sind weniger kontrastreich mit braun geflecktem Mantel und oft schmutzigbrauner Kopfzeichnung. Im Winter ist der dunkle Mantel von hellen Federsäumen verdeckt, Kopf und Brust tragen dann eine dunkelbraune und ockerfarbene Zeichnung. Junge Weibchen sind unscheinbarer, aber sie haben etwas Weiß auf den Flügeln und zeigen ebenfalls die typische »Mohikanerfrisur« auf dem Scheitel.

Schneeammern verfügen über eine angenehme Stimme, oft hört man ein rasch klingelndes oder rollendes »Pirrirrit«, das mit dem Kontaktruf, einem etwas gedehnten, wehmütig pfeifenden »Piüüh«, abwechselt.

junges Männchen im Winter

Weibchen im Winter

gelbes Männchen, einjährig? kükengelber Farbton durchsetzt das gesamte Gefieder

Goldammermännchen, 24. 1. 2015

GOLDAMMER

Emberiza citrinella

DIE GOLDAMMER gehört zu den häufigsten Besuchern der Vogelfütterungen, zumindest in der südlichen Hälfte Schwedens. Bei »Vinterfåglar inpå knuten« landet sie meist auf einem Platz unter den ersten fünf. Die Mehrzahl brütet in Mittel- und Südschweden (Svealand und Götaland), aber Goldammern besiedeln auch Fjälltäler im Norden. Der größte Teil der nördlichen Brutvögel zieht im Oktober nach Süden und kehrt im April zurück, aber auch im Norden überwintern Einzelvögel oder kleinere Trupps, meist in der Nähe von Bauernhöfen und in Siedlungen.

Goldammern sind am häufigsten in landwirtschaftlich geprägten Gegenden, wo sie im Herbst und Winter auf den abgeernteten Feldern nach Körnern suchen können. Ihr Schnabel ist gut an den Verzehr von Grassamen angepasst: Die untere Schnabelhälfte bildet einen kleinen Behälter, die obere kleinere einen Deckel sowie ein Werkzeug, um die Grassamen von der Rispe zu trennen. Die ganze Konstruktion erinnert mich an den Kopf eines Bartenwales, wobei meine Assoziation durch die leicht glänzende, blaugraue Schnabelfärbung verstärkt wird. Die obere Schnabelhälfte ist oft etwas dunkler graublau. An Futterplätzen fressen Goldammern vor allem Getreidekörner – im Unterschied zu Finken und Meisen, die verschiedene Samen verzehren. Für die Bearbeitung von Sonnenblumenkernen eignet sich ihr Schnabel allerdings nur schlecht. Bei der Futtersuche bewegen sie sich geduckt, fast an den Boden gedrückt.

In Schweden waren die Bestände der Goldammer stark zurückgegangen. Sie gehörte zu den Arten, die in den 50er- und zu Beginn der 60er-Jahre am meisten unter dem mit Quecksilber behandelten Saatgut zu leiden hatten. In dieser Zeit waren Goldammern in einigen Tieflandgegenden fast völlig verschwunden. Nachdem in Schweden 1966 Quecksilber zum Beizen der Körner verboten wurde, erholten sich die Bestände rasch. Allerdings sanken die Zahlen in den letzten Jahrzehnten wieder leicht, auch wenn eine allgemeine Stabilisierung nach der Jahrhundertwende zu beobachten war. Seit 2008 kam es erneut zu einem deutlichen Rückgang der Goldammern. Noch gibt es dafür keine Erklärung, aber möglicherweise ist diese Ammer ähnlich wie der Grünfink ebenfalls von der Trichomonadenseuche *(Trichomonas gallinae)* betroffen. Die eingegangenen Meldungen bei »Vinterfåglar inpå knuten« haben sich dagegen fast verdoppelt. Das liegt aber wohl eher am gestiegenen Interesse, beobachtete Vögel am Futterhaus auch zu melden. Immerhin ist die Goldammer in vielen Provinzen noch recht häufig, insgesamt brüten in Schweden etwa 900 000 Paare.

Vielleicht eine Fichtenammer

Goldammern gehören zur Ammerngruppe mit dem wissenschaftlichen Gattungsnamen *Emberiza*, die in Europa mit über zehn Arten vertreten ist. Länglicher Körper und ein langer Schwanz zählen zu den typischen Merkmalen dieser Gattung. Neben der Goldammer brüten in Schweden auch Grauammer, Ortolan, Rohrammer, Waldammer und Zwergammer. Unter diesen ist die Goldammer die einzige Art, die auch im Winter an Fütterungen kommt. Die Grauammer hat ein sehr begrenztes Ganzjahresvorkommen in Südschonen, die Rohrammer, ein Kurzstreckenzieher, überwintert vereinzelt im südlichsten Schweden. Die übrigen Arten sind Langstreckenzieher und erscheinen kaum an winterlichen Fütterungen. Sieht man eine langschwänzige, gelbe Ammer mit deutlicher Streifenzeichnung, handelt es sich um eine Goldammer. Die Vögel können im Aussehen ziemlich variieren, sowohl individuell als auch zwischen den Geschlechtern und zwischen Alt- und Jungvögeln. Das Gefieder von adulten und jungen Männchen im ersten Winter ist stets deutlich gelb getönt. Viele sind kräftig gelb gefärbt, als hätte man sie in gelbe Karamellfarbe getaucht. Über dieser Grundfarbe liegen dunkelbraune, olivgraue, grüngraue und ziegelfarbene Streifen und Flecken, die sich in Intensität und Stärke unterscheiden.

Junge Männchen zeigen manchmal relativ wenig rein gelbe Partien, daher können sich Gefiedermerkmale von adulten Weibchen und jüngeren Männchen überlappen. Männchen haben jedoch stets einen kleinen gelben Fleck auf der Stirn. Junge Weibchen im ersten Winter sind in ihrer Grundfärbung beige oder graubeige. Gegen den Schnee sehen die einzelnen Vögel

junges Männchen im Winter

junges Weibchen im Winter

in einem Trupp Goldammern oft ziemlich einheitlich aus – hellbeige oder gelblich mit kräftiger dunkler Rückenzeichnung. Erst bei gutem Licht und durchs Fernglas erkennt man die Unterschiede.

In Sibirien lebt die Schwesterart der Goldammer, die Fichtenammer *(Emberiza leucocephalos)*. Bei ihr sind die Gelbtöne durchgehend durch braunrote Farbtöne ersetzt. Obwohl Einzelvögel bereits an schwedischen Fütterungen registriert wurden, ist die Fichtenammer dennoch sehr selten. Viele Vogelbeobachter hoffen trotzdem, eines Tages zwischen den »gewöhnlichen« gelben Ammern an ihrer Fütterung eine dieser sibirischen Raritäten zu entdecken. Auch nach 40 Jahren Vogelfütterung in Südgotland ist mir das bisher nicht gelungen. Einige junge farblose oder eher kühl rotbraune Goldammerweibchen ließen in diesem Jahr meinen Puls etwas höher schlagen. Doch der schwach gelbe Saum an den Handschwingen hat meine Hoffnungen immer wieder zunichtegemacht, denn bei der Fichtenammer ist dieser Saum weiß. Die gelbe Färbung wirkt aus einem gewissen Abstand wie weiß, zumindest durch mein Fenster. Außerdem hybridisieren beide Arten in einer breiten Zone in Osteuropa. Am aufregendsten dabei ist wohl, dass sich unter den Tausenden Individuen, die ich studiert habe, vielleicht ein paar Vögel mit Fichtenammergenen befanden.

Graugrün und Braunrot

Goldammern wechseln ihr Aussehen im Frühjahr, da dann die dunkleren olivgrauen Federspitzen verschlissen sind oder abfallen. Viele Männchen bekommen auf diese Weise nach und nach immer reinere gelbe Kopfpartien, ein Teil der älteren Männchen hat zum Schluss einen ganz gelben Kopf mit nur einzelnen dunklen Markierungen. Die meisten Männchen zeigen unterseits eine abrupte Farbgrenze zwischen undeutlichen Streifen in Grün-Umbra auf den Brustseiten und Englischem Rot auf den Flanken. Der Bürzel ist rostrot. Ich glaube, dass viele Vogelmaler gerade wegen der komplizierten Gefiederzeichnungen eine Leidenschaft für die Ammern entwickelt haben. Man findet bei ihnen eine Menge schöner und sauberer Markierungen und Farbübergänge: sepiafarbene Federzentren, rostrote Außensäume und neapelgelbe Kanten. Es wird nie langweilig, einen Trupp Goldammern durchzumustern, denn die Variabilität und ansprechenden Farbtöne sind Belohnung genug.

Zählt beim Singen bis sieben

An der Fütterung singen Goldammern selten oder nie. Die Männchen beginnen mit ihrem Vollgesang erst, wenn sie nach Auflösen der Wintertrupps ihre Reviere besetzen. Diese liegen im offenen Kulturland mit Wacholder oder Weißdorn, in Heckengelände, an Waldrändern oder in jüngeren Aufforstungen. Dort singen sie oft von der Spitze eines Busches. Es ist eine charakteristische einfache Aufzählung »eins-zwei-drei-vier-fünf-sechs-siiieben« oder »tzi-tzi-tzi-tzi-tzi-tzi-tziih«. Die ersten sechs Silben folgen schnell hintereinander und klingen etwas insektenartig zirpend, die letzte ist gedehnt und klarer im Ton. Das Aufzählen des Goldammerliedes ist eine gute Methode, anderen Menschen etwas über Vögel beizubringen und so ihr Interesse zu wecken. Im Winter hört man höchstens kurze, scharfe Rufe mit einem speziellen metallischen Ton: »tzick« oder »tzüh«. Goldammern sind gesellige Vögel, die in dichten Schwärmen auftreten und nur selten ums Futter streiten. Jungvögel jagen sich mitunter spielerisch und geben dann raue, rollende »prüllüllüllüll«- und scharfe »tzick«-Laute von sich. Ich glaube nicht, jemals Grünfinken oder Drosseln beim Spielen beobachtet zu haben. Doch Goldammern zeigen manchmal ein Verhalten, das Spiel sein könnte.

GRAUAMMER

Emberiza calandra

DIE GRAUAMMER ist deutlich größer als eine Goldammer. Allerdings kann ein graubeiges junges Goldammerweibchen ähnlich aussehen. Grauammern haben jedoch einen viel größeren, kräftigeren Schnabel, ihr Gefieder ist einheitlich graubeige. Wenn man Goldammern gut kennt, empfindet man die Grauammer als »ins Kraut geschossen« und mit unverhältnismäßig großem Schnabel. Dieser ist hornfarben, während die obere Schnabelhälfte bei der Goldammer einen graublauen Ton aufweist.

Die Grauammer ist nur in der Provinz Schonen Brutvogel, einzelne Jungvögel sieht man im Frühjahr auch in anderen schwedischen Landschaften. Im Winter sind Grauammern auf Südschonen beschränkt mit Verbreitungsschwerpunkt östlich von Ystad. In Nordeuropa ist die Grauammer an die offene Kulturlandschaft gebunden, wobei sie in Dänemark in geeigneten Lebensräumen etwas häufiger vorkommt. In Mitteleuropa trifft man sie nur noch gebietsweise an. Grauammern sind Jahresvögel. Da sie sich im Winter von ausgestreutem Getreide und anderen Samen anlocken lassen, werden sie auch an Fütterungen registriert. Das sind jedoch nur wenige Beobachtungen. Die Zahl der Brutpaare erreicht maximal hundert.

In den 60er-Jahren gingen die Bestände der Grauammern wie die vieler anderer Vögel der Kulturlandschaft zurück, denn sie wurden durch Insektizide und durch mit Quecksilber behandeltes Saatgut vergiftet. Als ich Ende der 60er-Jahre in Westschonen zum ersten Mal nach Grauammern suchte, ließ sich die Anzahl der Brutpaare an den Fingern einer Hand abzählen. Nachdem die Art damals fast ausgestorben war, stieg der Bestand durch gezielte Schutzmaßnahmen und Winterfütterungen langsam wieder an. Nach der Brutperiode sammeln sich die Grauammern auf Stoppelfeldern und Wiesengelände und können dort mitunter größere Schwärme bilden.

Winter

WEITERLESEN, HÖREN, SEHEN

Barthel, P. & P. Dougalis *Was fliegt denn da? Das Original.* Alle Vogelarten Europas sicher bestimmen. Mit 1800 Zeichnungen. 2019

Berthold, P. & G. Mohr *Vögel füttern, aber richtig.* Das ganze Jahr füttern, schützen und sicher bestimmen. 2021

Hume, R. u. a. *Die Vögel Europas.* Der einzigartige Fotoband. Sämtliche Kleider, Unterarten, alle Bestimmungsmerkmale, Mauser, Status, Verbreitung, Lebensraum. 2023

Jonsson, L. *Die Vögel Europas und des Mittelmeerraumes.* Über 2700 Zeichnungen. 2010

Schmid, U. *Welcher Gartenvogel ist das?* 100 Arten erkennen und beobachten, mit der KOSMOS-PLUS-App sind die Stimmen hörbar. 2018

Singer, D. *Vögel rund ums Futterhaus.* Beobachten, bestimmen und richtig füttern. 2016

Singer, D. *Was fliegt denn da? Der Fotoband.* 346 Vogelarten Europas, mit der KOSMOS-PLUS-App sind die Stimmen und Filme der Vogelarten abrufbar. 2022

Singer, D. *Welcher Vogel ist das?* 400 Vögel Europas, 1400 Farbfotos. 2013

Svensson, L. u. a. *Der Kosmos Vogelführer.* Alle Arten Europas, Nordafrikas und Vorderasiens. 2023
Der Svensson-Vogelführer ist auch als App verfügbar

Weiß, F. & P. Dougalis *Kosmos-App Vögel Europas bestimmen – Was fliegt denn da?* Bestimmen, hören und beobachten. 470 Vogelarten Europas, über 1000 Zeichnungen, über 600 Stimmen, Filme von 140 Arten.

LITERATUR DES AUTORS

Aronsson, Niklas *Mata fåglar*, 2006

Bengtsson, Kenneth (red.) *Skånsk vinterfågelatlas 2006–2008*, 2009

Blomgren, Arne *Lavskrika*, 1964

Borch Grell, Michael *Fuglenes Danmark*, 1998

Brusewitz, Gunnar *Skissbok*, 1970

Coombs, Franklin *The Crows. A study of the Corvids of Europe*, 1978

Gedeon, Kai et al. *Atlas Deutscher Brutvogelarten. Hrsg.: Stiftung Vogelmonitoring Deutschland und Dachverband Avifaunisten*, 2014

Haftorn, Svein *Norges Fugler*, 1971

Lack, David *The life of the Robin*, 1953

von Linné, Carl *Iter Lapponicum*, 1732

Linnman, Nils *Våra fågelvänner*, 1954

Lundgren, Svante *Stiglöst land*, 1949

Nilsson, Sven *Skandinavisk fauna. Foglarna*, tredje utgåvan 1858

Ottosson, Ulf (m. fl.) *Fåglarna i Sverige. Antal och förekomst*, 2012

Perrins, Christopher M (red.) *Handbook of the birds of Europe, the Middle East, and North Africa. The birds of the western Palearctic*, 1994

von Rosen, Björn *Om naturtrohet och andra funderingar om konst*, 1968

Rosenberg, Erik *Fåglar i Sverige*, 1953

Svensson, Sören (m. fl.) *Svensk fågelatlas*, 1999

Svorkmo-Lundberg, Torkild (m. fl.) *Norsk vinterfuglatlas. Fuglenes utbredelse, bestandsstørrelse og økologi vintertid*, 2006

Valkama, Jari (m. fl.) *Suomen rengastusatlas. The Finnish bird ringing atlas*, andra bandet 2014

von Wright, Magnus *Finlands foglar. Hufvudsakligen till deras drägter*, 1859

REGISTER

Aus dem Schwedischen übersetzt von Detlef Singer.
Titel der Originalausgabe: »Vinterfåglar«, erschienen 2015 bei
Bonnier Fakta, Stockholm, Schweden, unter ISBN 978-91-7424-448-9

GRAFISCHE GESTALTUNG Lars Jonsson, Annika Lyth

Mit 246 Farbillustrationen und 73 Schwarz-Weiß-Illustrationen von Lars Jonsson.

Umschlaggestaltung von Populärgrafik, Stuttgart, unter Verwendung von Illustrationen von Lars Jonsson. Die Vorderseite zeigt oben rechts zwei Kleiber (vgl. S. 194 und S. 197), oben links eine Sumpfmeise (vgl. S. 19), im Hauptmotiv einen Eichelhäher und auf der rechten Seite Farbstudien und den Flügel einer Kohlmeise (oben, vgl. S. 161, 165), darunter die äußeren Steuerfedern der Hohltaube (unten, vgl. S. 69). Die Rückseite zeigt links einen Taigabirkenzeisig, adultes Männchen, rechts einen Polarbirkenzeisig, 1. Winter.

MIX
Papier | Fördert gute Waldnutzung
FSC® C002795

Gedruckt auf chlorfrei gebleichtem Papier

Für die deutschsprachige Ausgabe:

Pfizerstraße 5–7, 70184 Stuttgart

ISBN 978-3-440-17828-7
PROJEKTLEITUNG Stefanie Tommes
LEKTORAT UND SATZ Angelika Lang
PRODUKTION Markus Schärtlein
Printed in Latvia / Imprimé en Lettonie